奇趣科学馆

格润轩 编

关于植物的N个为什么

重庆出版集团 重庆出版社

图书在版编目（CIP）数据

关于植物的N个为什么 / 格润轩编. — 重庆 : 重庆出版社，2018.1
ISBN 978-7-229-12181-5

Ⅰ. ①关… Ⅱ. ①格… Ⅲ. ①植物—儿童读物 Ⅳ. ①Q94-49

中国版本图书馆CIP数据核字（2017）第077238号

关于植物的N个为什么
GUANYU ZHIWU DE N GE WEISHENME
格润轩 编

责任编辑：周北川 赵光明
责任校对：李小君
装帧设计：赵景宜

重庆出版集团
重庆出版社 出版

重庆市南岸区南滨路162号1幢 邮政编码：400061 http://www.cqph.com
三河市金泰源印务有限公司印刷
重庆出版集团图书发行有限公司发行
E-MAIL：fxchu@cqph.com 邮购电话：023-61520646
全国新华书店经销

开本：720mm×1000mm 1/16 印张：8 字数：78千
2018年1月第1版 2018年1月第1次印刷
ISBN 978-7-229-12181-5
定价：25.80元

如有印装质量问题，请向本集团图书发行有限公司调换：023-61520678

前言

FOreword

不经意间，孩子在悄悄地长大。成长的力量让他们精力充沛，思维活跃。面对大千世界，那些我们习以为常，甚至视而不见的现象，成了他们心中啧啧称奇的风景。感官逐渐迟钝的我们，面对一个个突如其来的“为什么”，常常会不知所措。看似简单的问题，却是孩子们对这个世界最初的思考和探索，这种求知欲和好奇心对他们来说弥足珍贵。

为了保护孩子们的这种天性，我们精心编撰了“奇趣科学馆”系列丛书，和孩子一起走进奇妙未知的大千世界，释放属于孩子的无限遐想。本丛书选取了大量新颖而贴近生活的话题，将动物、植物、天气、人体、宇宙等内容全部囊括其中。通过简洁明了的文字、童趣盎然的图片，将一些深奥抽象的科学知识描绘得通俗易懂、充满趣味，融科学性、知识性和趣味性于一体，使小读者不仅可以初步掌握和了解一些基础知识，还可以培养孩子在提问中认识世界，激发探索科学的兴趣。

荷叶为什么遇雨结水珠？

玫瑰为什么有刺？

什么植物有“牙齿”？

特殊的牙齿

自然界中有一些植物也像动物一样有“牙齿”，比如捕蝇草。它是一种非常有趣的食虫植物，它的茎很短，在叶的顶端长有一个酷似“贝壳”的捕虫夹，且能分泌蜜汁，当有小虫闯入时，能以极快的速度将其夹住，并消化吸收。它的贝壳捕虫夹就是它的“牙齿”。

巧妙的捕虫器

当然啦，捕蝇草的“牙齿”结构肯定和我们的小白牙不一样，但功能是大同小异的。捕蝇草在捕捉昆虫之后便不会再让它逃跑，因为捕蝇草是一种食虫性植物。在它们两片叶片的边缘各有一排锯齿状刺毛，其主要特征就是能够很迅速地关闭叶片捕食昆虫，就像我们的牙齿一样。

捕虫夹内侧呈红色，上面覆满许多微小的红点，这些红点就是捕蝇草的消化腺体。在捕虫夹内侧一般可见到三对细毛，这细毛便是捕蝇草的感觉毛，用来侦测昆虫是否走到适合捕捉的位置。大多数的捕虫器只带有三对感觉毛，但也可能产生多出一根到数根感觉毛的捕虫器。

它们怎么消化猎物呢？

捕蝇草并不会用咬合的“牙齿”来咀嚼猎物。那么，它是怎样消化猎物的呢？

首先，捕蝇草会将闯入的昆虫紧紧困在捕虫夹的中心，紧接着用腺体所分泌的消化液慢慢消化猎物。一两个星期之后，捕虫夹会再度打开，风和雨水会带走里面残留的昆虫尸体残骸。

中文名称：捕蝇草
别称：食虫草、捕虫草
植物分类：茅膏菜科捕蝇草属
形态特征：叶片边缘长有齿状触毛
主要分布地区：北美洲

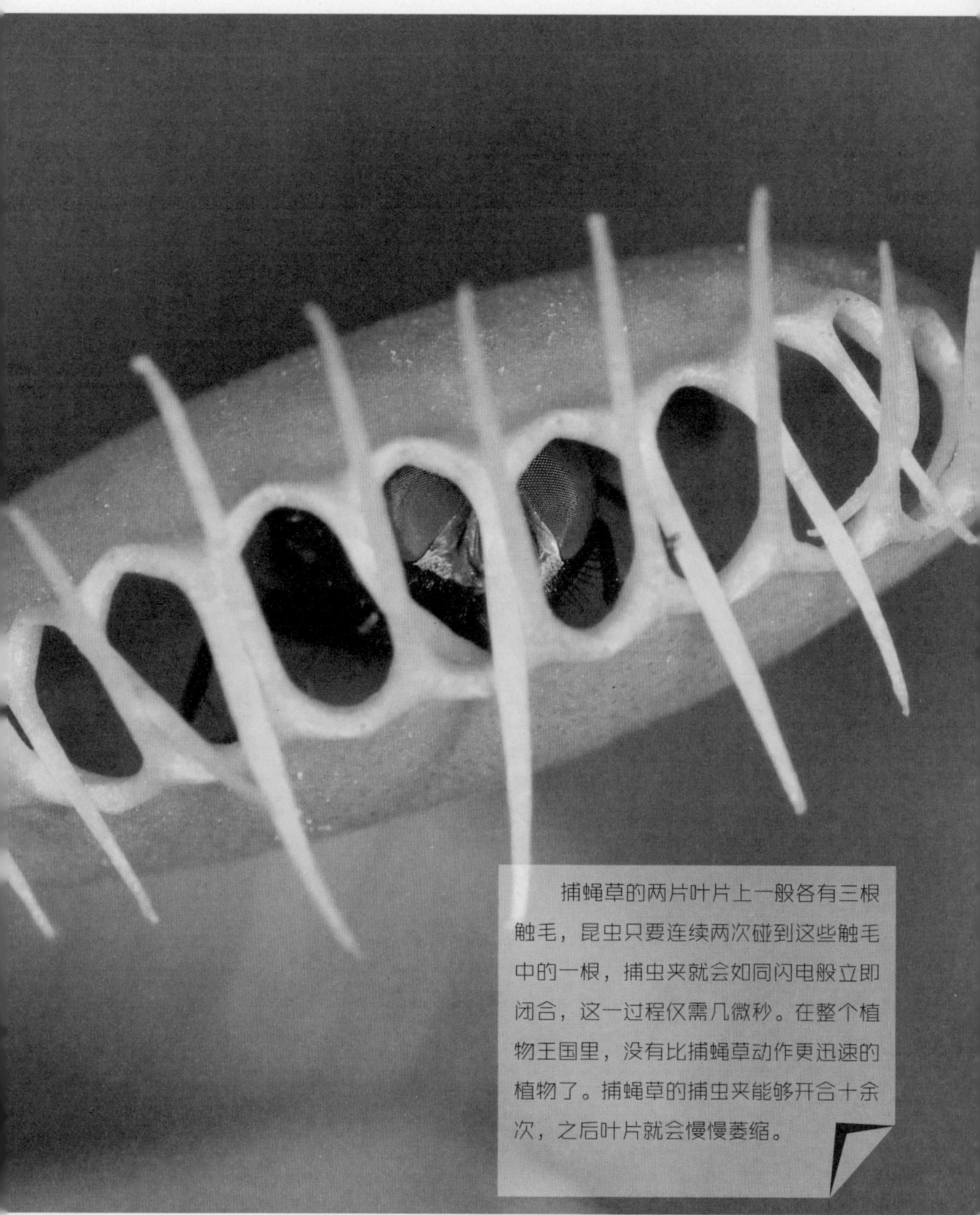

捕蝇草的两片叶片上一般各有三根触毛，昆虫只要连续两次碰到这些触毛中的一根，捕虫夹就会如同闪电般立即闭合，这一过程仅需几微秒。在整个植物王国里，没有比捕蝇草动作更迅速的植物了。捕蝇草的捕虫夹能够开合十余次，之后叶片就会慢慢萎缩。

植物之间可以对话吗?

独特的语言

植物没有嘴，不能像人类一样彼此对话。但是当有危险的食草性动物出现在附近时，一些植物会释放一种特别的香气，风将这种香气带到其他植物那里警告它们“敌人”在靠近，这就是它们独特的语言。比如柳树、桉树在遭到虫害的时候就会释放出一种化学物质，别的树木接到信息后就会产生毒素，共同抵御虫害。

它们也可以传话哦

在北美洲有一种刺槐树，它的叶片是长颈鹿和麋鹿的最爱。最早被啃食的树会发出一种特殊的香气将受袭情况“报告”给其他同伴。得到“消息”的刺槐树会在很短的时间里分泌一种有毒的液汁，使啃食其叶片的动物感到不适而停止啃食。也就是说，第一棵被啃食叶片的刺槐树向周围的同伴传了“话”！而它们的同伴，也接受到了第一棵树的“话”，并且理解了它的意思而且做出反应了。所以它们之间进行了一次成功地交流信息的行为！

中文名称：刺槐
别称：洋槐
植物分类：豆科刺槐属
形态特征：花序成串，叶柄有刺
主要分布地区：北美洲、亚洲、欧洲

植物能感觉到我们的触碰吗？

中文名称：含羞草
植物分类：豆科含羞草属
形态特征：针状叶羽状叶片，绒球状小花
主要分布地区：广泛分布于世界各地

害羞的小姑娘

有些植物对外界的触碰非常敏感，比如含羞草。当我们触碰含羞草的羽状叶片时，被触碰的叶片就会瞬间向上合起，像一个害羞的小姑娘，因此对于爱花的人来说，含羞草的花语就是“害羞、敏感、礼貌”。含羞草之所以会对触碰那么敏感，是因为在它们的叶柄基部，有水分充足的薄壁细胞——叶枕。叶枕对刺激的反应最为敏感。一旦碰到叶子，刺激立即传到叶柄基部的叶枕，引起两个小叶片闭合起来，如果触动力大一些，不仅传到小叶的叶枕，而且很快传到叶柄基部的叶枕，整个叶柄就下垂了。

它为什么害羞呢？

含羞草的叶子如遇到触碰，会立即合拢起来，触动的力量越大，合得越快，整个叶子都会垂下，像有气无力的样子。含羞草的叶片从受到触碰到闭合起来只需要0.1秒左右，15分钟左右后，会再度打开。如果我们不停地“逗弄”它，它甚至会“厌烦”呢，不再有反应。

含羞草的这种特殊的本领，是有它的历史根源的。它的老家在热带南美洲的巴西，那里常有大风大雨。每当第一滴雨打着叶子时，它的叶片立即闭合，叶柄下垂，以躲避狂风暴雨对它的伤害。这是它适应外界环境条件变化的一种能力。另外，含羞草的运动也可以看作是一种自卫方式，动物稍一碰它，它就合拢叶子，动物也就不敢再吃它了。

含羞草在夜间会按时“睡觉”。为什么这么说呢？因为到了晚上，含羞草所有的羽状叶片都会闭合，叶柄也向下低垂，看起来就像睡着了一样。

植物怎样保护自己？

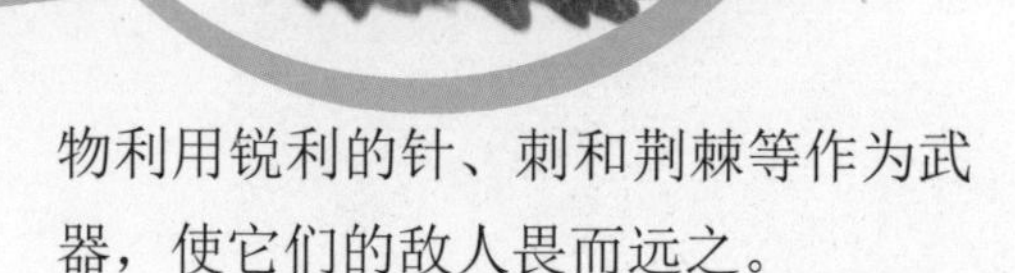

厉害的武器

植物既没有尖牙也没有利爪，它们根本无法保护自己——如果你这么想，那就大错特错啦！不同的植物有不同的自我保护的有效武器，毒液和特殊气味是最常见的“利器”。例如，在被甲虫啃食叶片之后，马铃薯苗会释放一种臭味，这股味道能引来臭虫，将甲虫吃掉，通过这种方式，马铃薯苗可以实现自救。除了马铃薯外，烟草也能够很好地自救，它们可以非常准确地判断自己是不是被青虫啃食了，因为伤口处青虫的唾液对它们来说是一种特殊的信号。如果确定自己被啃食了，它们就会立刻释放一种毒液——尼古丁。尼古丁会令啃食的青虫感觉恶心从而停止进食。

皂荚树（豆科）树干和枝条上长出的枝刺，对动物来说是天然的“保护膜”。板栗的刺，长在总苞上，动物不敢吃它。锚草（产于南非）的果实上有四溢的刺，刺上有钩。这类植物利用锐利的针、刺和荆棘等作为武器，使它们的敌人畏而远之。

夹竹桃和马利筋的“血液”中含有强心苷，昆虫在吃了它们以后，会因肌肉松弛而死去。丝兰和龙舌兰含有的植物类固醇，可使动物红细胞破裂。有一种被称为“咬人树”的漆树，其中含漆酚，可使人中毒。

这样的例子还有很多，你不妨也查查资料多了解一些。

聪明的自我保护方法

当然了，也有没有“利器”的植物，比如——禾本科植物（小麦、玉米、水稻等），它们确实没有什么可以“防身”的武器，但它们也有自己的方法——繁殖力极强，靠数量取胜，让自己得以繁衍生息。非洲南部的圆石草和角石草（番杏科）利用拟态来保护自己，它们矮小的植株，混生于沙砾之间，外形、色泽和纹痕与石头相差无几，动物不易发觉。它们是通过躲起来不被发现来保护自己的，真是聪明啊！

中文名称：烟草
别称：烟叶
植物分类：茄科烟草属
形态特征：草本植株，叶片阔大，呈矩圆形，顶端渐尖，花序顶生，圆锥状
主要分布地区：南美洲、中国

中文名称：刺沙蓬，别名风滚草

植物分类：藜科猪毛菜属

形态特征：肉质丝状叶，交叉互生，叶基部有刺

主要分布地区：广泛分布于俄罗斯、蒙古及中国大部

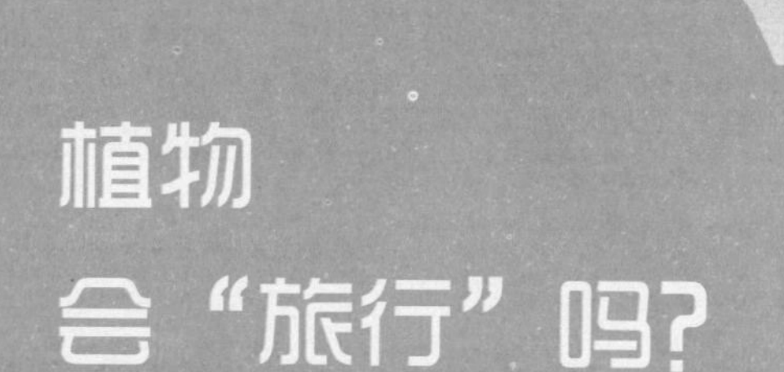

植物会“旅行”吗？

“说走就走”的旅行

植物没有脚，但是这并不妨碍它们开始一段“说走就走”的旅行。生长在戈壁的风滚草就是这样一位任性的“植物旅行家”。它是戈壁的一种常见的植物，当干旱来临的时候，会将根从土里收起来，团成一团随风四处滚动。在戈壁的公路两旁，起风的时候经常可以看见它们在随风滚动。那是一种生命力极强的植物。无论什么都不会让它们枯死。总有一天它们会找到适合自己生长的环境，然后发出新枝，冒出新芽，开出淡紫色的花。

“背井离乡”找新家

在干旱的季节，风滚草会主动离开原本着生其上的土地，卷成一个圆球，随着风去寻找有水的新家。风吹草动，随风前行，一旦遇上水分充沛的地方，这些干燥的草球就会展开成原状，重新扎根土壤，定居此地。当然一旦“新家”的水分变少，不能满足它生长需要的时候，它就会再次“背井离乡”，外出“流浪”。风滚草的种类很多，刺沙蓬、复生卷柏、含生草等都有这种“功夫”。

植物是“吃”什么长大的？

勤劳的“小工人”

植物和我们一样，要想健康成长，也需要食物。不过，植物所需的食物大多是自己生产的。植物的每一片叶子就像一个小工厂，叶子里的叶绿素就是一个个“小工人”。叶绿素非常能干，它能利用阳光的照射将水和二氧化碳加工成糖、纤维素和淀粉等物质，这些正是植物最喜欢的美味食品。勤劳的叶绿素即使是在阴天、雨天太阳不出来时，也能借用云层中透过来的微弱阳光来制造食物。

还要补充元素

植物要成长，除了“吃”自己制造的食物外，还要补充16种必需元素，其中有6种大量元素：碳、氢、氮、磷、氧、钾；有3种中量元素：钙、镁、硫；有7种微量元素：铁、锌、锰、铜、硼、钼、氯。这十多种元素的供应要达到一种平衡，才有利于植物生长发育，不论哪种所需元素，多了少了都不行。

其中碳、氢、氧可以从空气中的 CO_2 和土壤里的水分中获得，除部分地区缺乏个别微量元素外，一般土壤里都供给有余。只是氮、磷、钾三种元素，土壤里供给不足，而植物生长时需要量又较大。因此，对这三种元素的人工施肥在农业生产上具有重要意义，所以把氮、磷、钾三种元素叫做肥料三要素。

为什么植物会“出汗”？

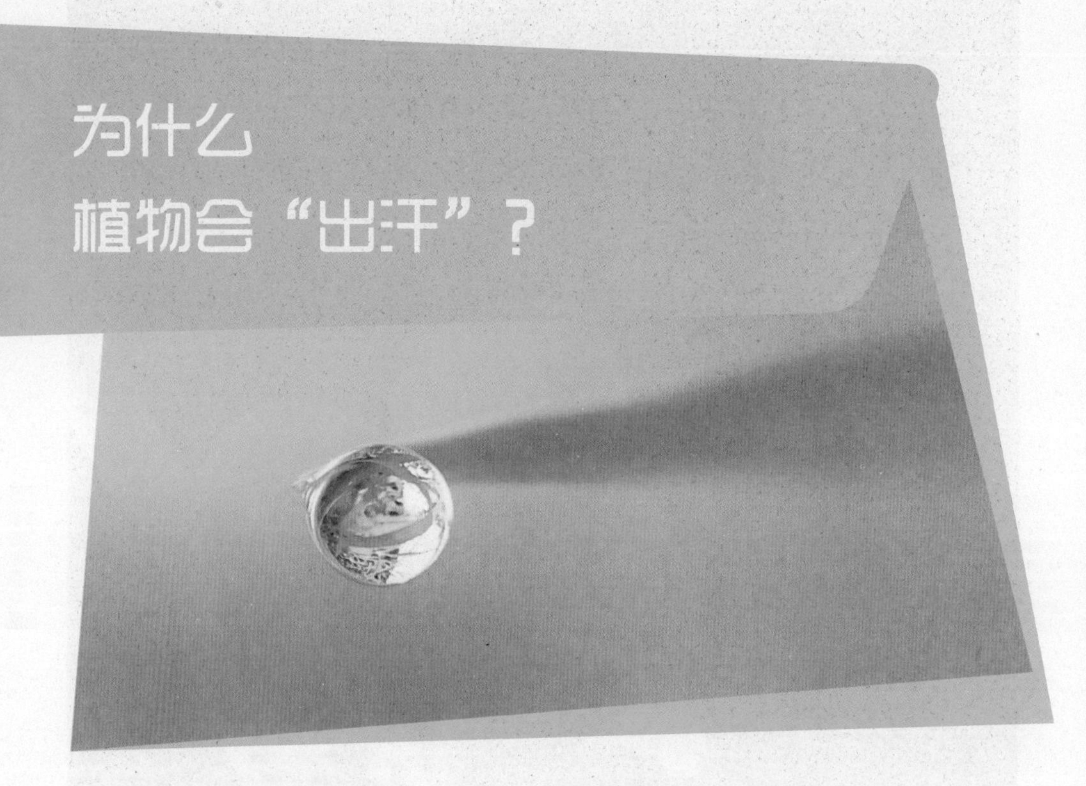

它们也会出汗哦

在夏天的清晨，你会发现土豆、西红柿、杨树、柳树等植物的叶子上或者在嫩绿的杂草上有一颗颗细小晶莹的小水珠，就像我们额头上的“汗水”一样，难道它们也会出汗吗？

植物“出汗”也叫做“吐水”现象，这是植物代谢的正常表现。尤其在没有风且闷热的夜晚，温度相当高，湿度也很大，植物叶片中的水分无法及时地向外散发，但植物的根依旧不断从土壤中吸取水分，清晨的时候，太多的水分以及其他物质就会从叶片或者叶片边缘的“水孔”向外面流出，这就是我们所看到的植物“出汗”的现象了。

它们为什么也会出汗呢

在植物叶片的尖端或边缘有一种小孔，叫做水孔，和植物体内运输水分和无机盐的导管相通，植物体内的水分可以不断地通过水孔排出体外。平常，当外界的温度高，天气比较干燥的时候，从水孔排出的水分就很快蒸发散失了，所以我们看不到叶尖上有水珠积聚起来。吐水现象在盛夏的清晨最容易看到，因为白天的高温使根部的吸水作用变得异常旺盛，而夜间蒸腾作用减弱，湿度又大。

植物为什么要长很长的根?

有用的根

植物的根不但多，而且长。有的根甚至比地面上的茎要长几倍，甚至几十倍。根大多埋在土中，它的尖端则有“根冠”覆盖，使得根尖在深入土壤时不会受伤。在植物根尖的表皮细胞上长满了小细丝，叫做根毛。植物的根就是靠根毛吸收土壤中的水分和矿物质，到根的内部，再往上输送到茎和叶。所有的这些根、小根和根毛就像许许多多小手，抓住了土壤，把植物牢牢地固定在大地上，大风刮不走，暴雨冲不倒。同时，也使土壤不被雨水冲走。植物的根主要是为了吸收土壤中的肥料和水分。这是因为植物在生长过程中，需要大量的肥料和水分来供给枝叶生长，植物的根系越发达，枝叶就越繁茂，生长发育得越健康。此外，植物的根还能帮助它们抵抗自然界的灾害，如大风、大雨、洪水等。

有趣的“气根”

有趣的是，有些植物如高粱、玉米、榕树、甘蔗等还长有“气根”。顾名思义，气根就是暴露在空气中的根，它们露出地面，能有效吸收空气中的水分和养分，同时也能起到固着植株的作用。比如其中的一种支持根，像玉米从节上生出一些不定根，表皮往往角质化，厚壁组织发达，不定根伸入土中，继续产生侧根，成为增强植物体支持力量的辅助根系。另外像榕树从枝上产生许多下垂的气生根，部分气生根也伸进土壤，由于以后的次生生长，成为粗大的木质支持根，树冠扩展的大榕树能呈“一树成林”的壮观。还有甘蔗等植物也属这类型的根。

山坡上的枣树一般高三四米，它的根垂直深度竟有十多米；一株小麦有7万多条须根，加起来长约500米，如果将它的根、根毛加起来，总长度可达20千米。

树也会冬眠吗？

落叶树也冬眠

不仅是动物，落叶树在冬天也会冬眠，准确地说，是休眠。它们只靠极少的能量就能安然过冬，并且在此期间生长缓慢，甚至完全停止生长。秋天大部分树叶都会掉光，以便最大限度地减少通过叶片蒸发水分。另外，秋冬季节树根从土壤里获得的供给树干和树枝的水分也会减少，因为水分在结冰之后体积会变大，如果冬天树干里还有大量水分，结冰膨胀后就会将树干撑裂。这样，就迫使这些树木在冬季减缓或停止生长，仅靠自身原有的养分维持生命，处于一种休眠状态，待天气转暖，再生机勃勃地开始生长。

多种多样的休眠

休眠有多种形式，一、二年生植物大多以种子为休眠器官；多年生落叶树以休眠芽过冬；而多种二年生或多年生草本植物则以休眠的根系、鳞茎、球茎、块根、块茎等度过不良环境。植物生活在冷、热、干、湿季节性变化很大的气候条件下，种子或芽在气候不利的季节到来之前进入休眠状态，可避免以生命活动旺盛、易受逆境伤害的状态度过寒冷、干旱等严酷时期。因此，对于高纬度冬季寒冷的地区和低纬度旱季缺水的地区，休眠都有重要的适应意义。

由于冬天树枝里的水分减少，树枝就更容易被折断。

一棵树上住着多少动物？

数量众多的“树上居民”

每棵成年的大树上都有许多“居民”，比如数量众多的昆虫们，它们依靠从树根、树干、树皮、树叶、花或果实中获取养分生存。它们中的大部分都体型微小并且隐藏得很好，所以大部分时候我们看不到它们。这些“树上居民”包括蜘蛛、蜱虫等以及其他以昆虫幼虫为食的寄生类昆虫。

此外，树干里还生存着许多穴居的小型动物，例如啄木鸟、枭、鼬、睡鼠等。

枝叶间住满了不同的小型鸟类。

树冠上更有数目可观的乌鸦筑巢，就连松鼠也用橡树叶子在树上筑巢。

每棵成年的大树上居住的动物数量大约相当于一个中等城市的居民数量，真是令人吃惊啊！

不下树的树袋熊

树上居民多种多样，跳来跳去的松鼠，色彩绚丽的鸟儿等。但是最可爱的居民里面一定有树袋熊。树袋熊，又称考拉，是澳大利亚的国宝，也是澳大利亚奇特的珍贵原始树栖动物。树袋熊一眼就能看出某棵树是属于自己的还是属于别的树袋熊。树袋熊会在树基部留下自己小球状的排泄物；甚至一只考拉死后一年之久，别的考拉都不会搬进这块空的家域，因为这段时间，前一只考拉身体留下的香味标记和爪刮擦树皮的标记尚未自然风化消失。

树都怕火吗？

火林中的"英雄树"

发生森林大火时，绝大部分植物都会被烧死，因此它们怕火也是理所应当的事。但是也有些植物，它们不但不怕火，甚至需要火来帮助它们加速繁殖。例如，澳大利亚有些松树和桉树只有在高温中才会打开果实，让里面的种子掉出来，在肥沃的灰烬中生长。灰烬是树种快速生长的最佳环境，而且大火后也几乎没有其他争夺养分的“竞争者”，因为大部分树木都在大火中消失殆尽了。

中文名称：草树
植物分类：莎草科莎草属
形态特征：树干黑矮，顶生细长丝叶
主要分布地区：澳大利亚

落叶松就是一种不怕火烧的树种。它为什么能够“劫后独生”呢？这是由于落叶松那挺拔的树干外面包裹着一层几乎不含树脂的粗皮。这层厚厚的树皮很难烧透，大火只能把它的表皮烤煳，而里面的组织却不会被破坏。即使树干被烧伤，它也能分泌一种棕色透明的树脂，将身上的伤口涂满涂严，随后就凝固了，使那些趁火打劫的真菌、病毒及害虫无隙可入。因此，落叶松就成了过火林中的令人瞩目的“英雄树”。

它可喜欢火了

澳大利亚草树也是一种极为少见的喜火性植物，这种树只有在大火后才会大量繁殖生长。

草树生长在澳大利亚西部各种各样的环境。它有正直的树干，生长缓慢，很少超过 4 米。它有黄色的块根，是短暂的存在，从 4 月至次年 1 月。8 月和 11 月之间开花与否决定于前年夏天是否经历过火烧。

树也会“哭”吗?

受伤后的泪珠

当有些树“受伤”后，例如遭到砍伐后，会从伤口处流出一些黏黏的液体，就像我们哭泣的时候脸上挂着的泪珠一样，我们把这种液体称为树脂。

过一段时间后，树脂会慢慢变硬，将树的“伤口”粘住，使其愈合。树脂管对于树木相当于血管对于人体，如果硬要做个比喻，树脂其实更像人体内的血液，而不是眼泪。每棵树的树脂都与其他树不同，这种区别我们可以通过看、摸以及闻来确定。每棵树之所以都有属于自己的独特气味，就是由于树脂的不同。

橡胶树作用多多

橡胶树为落叶乔木，有乳状汁液。这种胶状乳液就是生产天然橡胶的原材料。

制作橡胶的主要原料是天然橡胶，天然橡胶就是由橡胶树割胶时流出的胶乳经凝固及干燥而制得的。天然橡胶因其具有很强的弹性和良好的绝缘性，可塑性，隔水、隔气性，抗拉和耐磨等特点，广泛地运用于工业、国防、交通、医药卫生领域和日常生活等方面，用途极广。橡胶树种子榨油为制造油漆和肥皂的原料。橡胶果壳可制优质纤维、活性炭、糠醛等。其木材质轻，花纹美观，加工性能好，经化学处理后可制作高级家具、纤维板、胶合板、纸浆等。

小常识：橡胶树的汁液是一种很特别的树脂，这种树脂经加工就可以得到天然橡胶。橡胶是一种高弹性材料，广泛地应用于我们生活的各个领域，轮胎、雨鞋、医用手套、暖水袋，甚至连航空航天等高科技领域都离不开橡胶制品。

中文名称：橡胶树

植物分类：大戟科橡胶树属

形态特征：三出复叶，树干有乳状汁液

主要分布地区：亚洲、非洲、大洋洲、拉丁美洲

所有的树都有年轮吗？

它们没有年轮！

在季节差异明显的地区，树木上通常都有清晰的年轮。春夏时节气温适宜、降水充沛，树木生长很快，材质疏松，颜色较浅，称为春材；而秋冬时节，气候干燥且寒冷，树木生长缓慢，材质紧密，颜色较深，称为秋材。随四季交替，树木就形成了一圈一圈深浅交替的年轮。

在热带地区，气候常年相同，没有明显的季节变化。因此生长在热带的树木质地较为均匀，不会形成明显的年轮！当然，热带树木有时也会有短暂的生长休息期。迅速生长期和休息期间的轮换使得树木上会出现生长轮，但是只有非常仔细地观察才能分辨得出来。

没有年轮的“老寿星”

“老寿星”猴面包树是喜热植物，原产于非洲热带地区，那里没有明显的季节变化。因此生长在热带的猴面包树没有明显的年轮，要知道它的年龄，只能通过碳测试了。

猴面包树的长相非常奇特，它的枝杈千奇百怪，酷似树根，好像“根系”长在脑袋上的“倒栽树”。其果实巨大如足球，甘甜多汁，是猴子、猩猩、大象等动物最喜欢的食物。当它果实成熟时，猴子就成群结队而来，爬上树去摘果子吃，猴面包树的称呼由此而来。

由于生长在热带的树木质地均匀，它们常常被加工成家具，这也带来了严重后果——热带雨林长期被乱砍滥伐，给热带雨林带来了灾难性的打击。

树皮为什么大多是褐色的？

树皮的作用

各种各样的植物都有一层皮。有的坚厚，有的嫩薄；有的粗糙，有的光滑。这层树皮是干什么用的呢？树皮的作用除了能防寒防暑防治病虫害之外，主要是为了运送养料。树皮不仅可以吸附环境中的许多有毒物质，而且还是一员优良的监测大气的尖兵，可以从历年来树皮吸附的有毒物质多少来监测大气环境的污染情况。从经济价值看，树皮还是一种“宝物”，有人计算树皮约占各种树木木质部的10%，白白地被丢弃和烧掉是很可惜；的树皮是制作人造板、木砖、化工品、肥料的好材料；白杨的树皮还可当作饲料喂养牲畜。可以预见到，树皮必将为人类做出更多的贡献。

为什么大多是褐色的呢？

树皮大多数是褐色的，也有很多是其他颜色的，比如白桦、银白杨、红松、梧桐等，均不是褐色的。可是为什么树皮大多是褐色的呢？

我们先来看看树皮的结构吧。由外到内，树皮是由表皮、周皮及内部的韧皮部构成的，周皮又是由木栓、木栓形成层和栓内层构成的，外表皮的细胞在周皮形成后就会脱落，露出木栓部分，而木栓大多是褐色的，树皮呈现褐色也就不足为奇了。

为什么白桦树的树皮是白色的?

白桦树木栓层也是褐色的，但在这些木栓层的外面还有少量的木栓质，这些木栓质中含有大量白色的白桦脂和软木脂，因此它的树皮才会呈现白色。

一棵大树能制造出多少张纸？

纸是树做的

“纸是用树做的”，“为了环保必须要节约用纸”，如今，这已经是人尽皆知的环保常识，但你知道一棵大树怎样才能制造出纸张吗？

树干在制成纸之前必须先被碾磨成细小的碎屑。如同在料理机中一样，木屑与水混合并被搅拌成均匀的木浆，再经过添加漂白剂、胶料等辅料，然后经过净化→筛选→压榨脱水→烘干→裁切等工序生成纸张。

那么一棵成年树（例如松树）能生产出多少张A4纸呢？粗略地估算，大概能产出 80500 张 A4（210mm×297 mm）纸，如果把这些纸堆在一起，能堆成高约 7.5 米的纸山呢！也就是说，每棵成年松树的树干中大约“藏着”三层楼房高的纸。

再生纸意义重大

再生纸是以废纸做原料，将其打碎、去色制浆，经过多种工序加工生产出来的纸张。其原料的 80% 来源于回收的废纸，因而被誉为低能耗、轻污染的环保型用纸。

据统计，一吨废纸可以再造好纸 850 千克，相当于少砍 17 棵大树，节水 100 吨，节煤 1.2 吨，节电 600 度，还可以减少 35% 的水污染……但制造一吨纸需砍伐约 20 棵树龄在 20 ～ 40 年的树木。

藤缠树会让树丧命吗?

它们可以自力更生

大部分植物的根都是深深地扎在土壤中，通过庞大的根系从土壤中吸收营养和水分，维持正常的生理活动。然而，有些植物的根却是牢牢攀附在其他植物上，并依靠宿主很快攀爬到高处获得阳光。通常，这些依附类藤本植物并不会伤害宿主，它们会直接从空气中获得生长所需的水分和养料。例如，有些依附类藤本植物拥有气生根，能够直接吸取空气中的水分，还有些植物的形状就如同一个小碗，能将雨水收集在其中。一些植物的落叶或昆虫的尸体落在这些“小碗”中，也能成为帮助这些植物生长的丰富养料。

可怕的吸根

但是，气生根中有一类叫做吸根的，一般是寄生类植物的变态根。这种不定根常发育为吸器，可以钻入寄主的茎内，以吸取寄主的营养为生。比如，菟丝子的成根就是吸根。菟丝子种子萌发时幼芽无色，丝状，附着在土粒上，另一端形成丝状的菟丝，在空中旋转，碰到寄主就缠绕其上，在接触处形成吸根。进入寄主组织后，部分细胞组织分化为导管和筛管，与寄主的导管和筛管相连，吸取寄主的养分和水分。此时初生菟丝子死亡，上部茎继续伸长，再次形成吸根，茎不断分枝伸长形成吸根，再向四周不断扩大蔓延，严重时将整株寄主布满菟丝子，使受害植株生长不良，也有寄主因营养不良加上菟丝子缠绕引起全株死亡。

并不是所有的依附类藤本植物都可以和宿主和平共处。例如，无花果树在最开始依附宿主时也是无害的，但当它们的根依附着树干向下延伸到地面之后，就开始紧紧缠绕宿主的树干，并将宿主慢慢扼杀！宿主会慢慢腐烂，树干上只余下缠绕着的无花果藤。

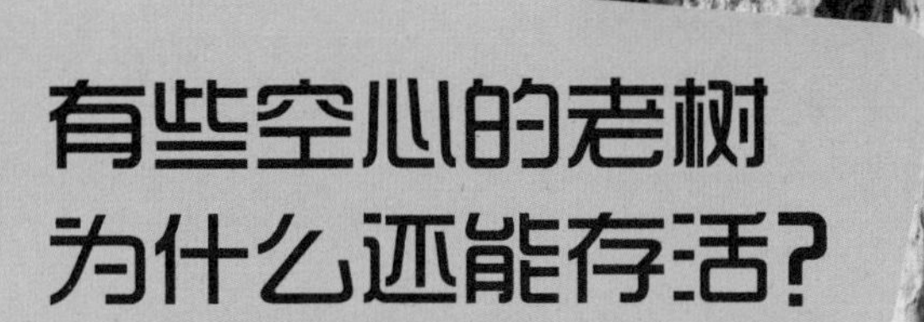

有些空心的老树为什么还能存活?

树木体内有两条“运输线”

我们常常可以看到有些年久的老树，它的树干是空心的，可是枝叶仍旧那么茂盛。为什么还会活呢？这是因为树干空心对树木并不是一种致命伤。树木体内有两条繁忙的“运输线”，生命活动所需的物质靠它们来调运。

木质部是一条由下往上的运输线，它担负着把根部吸收的水和无机物运送到叶片的任务；皮层中的韧皮部是一条由上往下的运输线，它把叶片制造出来的产品——有机养分运往根部。这两条“运输线”都是多管道的运输线，在一株树上，这些管道多到难以计数，所以，只要不是全线崩溃，“运输”仍可照常进行。树干虽然空心，可是空心的只是木质部的心材部分，边材还是好的，“运输”并没有全部中断，因此，空心的老树仍会照常生长。

剥皮树会“饿死”

假如你将空心老树的树皮全部剥去，植株很快就会死去。这是因为运输养分到根部的通道全部中断，根部得不到营养而“饿死”。根一死，枝叶得不到水分也就枯死了。树皮的作用主要是为了运送养料。在植物的皮里有一层叫做韧皮部的组织，韧皮部里排列着一条条的管道，叶子通过光合作用制造的养料，就是通过它运送到根部和其他器官中去的；有些树木中间已经空心，可是仍有勃勃生机，就是因为边缘的韧皮部存在，能够输送养料的缘故。如果韧皮部受损，树皮被大面积剥掉，新的韧皮部来不及长出，树根就会由于得不到有机养分而死亡。

胡杨为什么能在沙漠中生长？

中文名称：胡杨

别称：胡桐

植物分类：杨柳科杨属

形态特征：树干通直，树叶奇特，幼树嫩枝叶片狭长，大树老枝叶片圆润

主要分布地区：中国

众所周知，沙漠中干旱少雨，鲜有植物生存，但胡杨却能在如此恶劣的环境中顽强地生存，这是为什么呢？

储水抗旱

胡杨生长的水分主要靠潜水或河流泛滥水，所以具有伸展到浅水层附近的根系，具有强大的根压和含碳酸氢钠的树叶，因而能抗旱耐盐。胡杨的抗旱力极强，它们会在有水分时，拼命贮存水以备旱时之用。胡杨的根可以扎到10米以下甚至更深的地层中，盘根错节，不仅可以最大限度地吸收地下的水分，还可以防沙固土。叶子边缘还有很多缺口，有点像枫叶，叶革质化、枝上长毛，甚至幼树叶如柳叶，以减少水分的蒸发，故它又有“变叶杨”、“异叶杨”之称。胡杨能从根部萌生幼苗，能忍受荒漠中干旱的环境，对盐碱有极强的忍耐力。另外，胡杨还有一招“绝技”，就是不怕盐碱的危害，它能通过树干或树叶，把多余的盐碱排出来，以免受害。

它们适应能力很强

胡杨长期适应极端干旱的大陆性气候，对温度大幅度变化的适应能力很强，喜光，喜土壤湿润，耐大气干旱，耐高温，也较耐寒；适生于10℃以上积温2000～4500℃之间的暖温带荒漠气候，在积温4000℃以上的暖温带荒漠河流沿岸、河漫滩细沙——沙质土上生长最为良好。能够忍耐极端最高温45℃和极端最低温-40℃的袭击。

在沙漠里，白天太阳直射时，气温达41℃以上，而夜里又降到-39℃以下，即便如此，胡杨仍然依靠其强大的调节能力，顽强地生长。

胡杨是第三纪残余的古老树种，在6000多万年前就在地球上生存。在第四纪早、中期，胡杨逐渐演变成荒漠河岸林最主要的建群种。生在中国塔里木盆地的胡杨树，刚冒出幼芽就拼命地扎根，在极其炎热干旱的环境中，能长到30多米高。当树龄开始老化时，它会逐渐自行断脱树顶的枝杈和树干，最后降低到三四米高，依然枝繁叶茂，直到老死枯干，仍旧站立不倒。人们赞扬胡杨是“生而不死一千年，死而不倒一千年，倒而不朽一千年，三千年的胡杨，一亿年的历史”。

银杏树为什么被叫作“活化石”？

最古老的裸子植物

银杏树生长较慢，寿命极长，自然条件下从栽种到结银杏果要二十多年，四十年后才能大量结果，因此别名“公孙树”——“公种而孙得食”的意思，是树中的老寿星，因为它的果实呈白色，又常被称作“白果树”。银杏树是第四纪冰川运动后遗留下来的最古老的裸子植物，和神秘而古老的恐龙曾经共存于广阔的地球上，是世界上十分珍贵的树种之一，因此被称作植物界中的“活化石”也就不足为奇了。

“天下银杏第一树”

银杏为中生代孑遗的稀有树种，最早出现于3.45亿年前的石炭纪。曾广泛分布于北半球的欧洲、亚洲、美洲，中生代侏罗纪银杏曾广泛分布于北半球，白垩纪晚期开始衰退。至50万年前，在欧洲、北美洲和亚洲绝大部分地区灭绝，只有中国的保存下来。

山东省日照市莒县，有一棵树龄约四千年的银杏树。传说东周春秋时期鲁国和莒国国君就在此树下结盟，这棵银杏树被誉为“天下银杏第一树”。

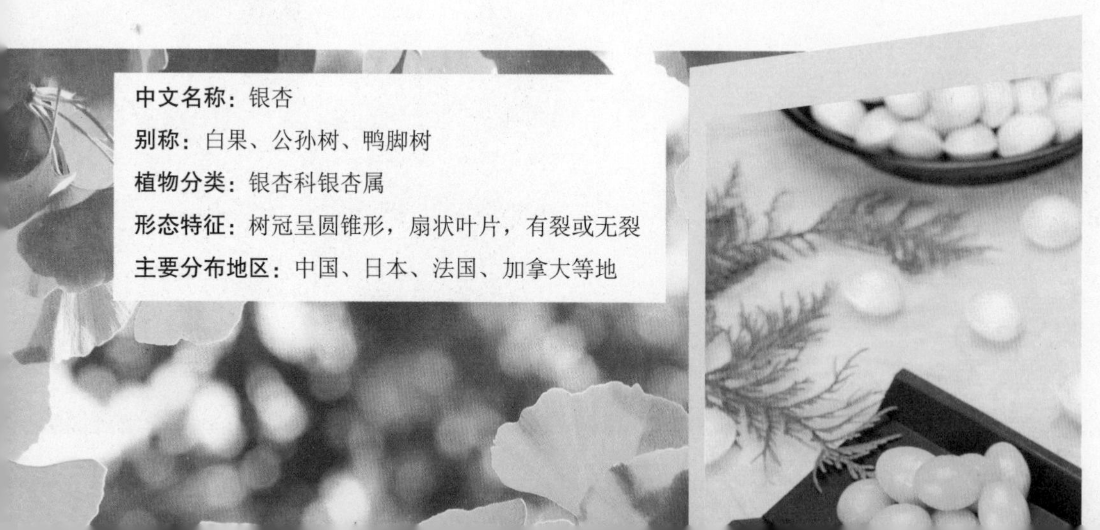

中文名称：银杏
别称：白果、公孙树、鸭脚树
植物分类：银杏科银杏属
形态特征：树冠呈圆锥形，扇状叶片，有裂或无裂
主要分布地区：中国、日本、法国、加拿大等地

都说银杏树是“长寿树”，那么它到底有多长寿呢？据统计，在中国树龄在5000年以上的银杏树就有十几棵，百岁老树更是不计其数。据成都市园林局调查，成都青羊、武侯、成华等十个区现存银杏古树2042株。不仅如此，在成都十大最老古树中，有8株都为银杏。成都郊县靠川西山区是银杏的主要分布地，2002年崇州发现一株胸围达到9.84米的千年银杏。大邑县白岩寺古银杏，机投镇古银杏，彭州熙林古银杏均为大成都范围内著名的古树。成都最古老银杏树位于都江堰青城山天师洞，树龄达到2500年。

油棕为什么有“世界油王”的美称？

“世界油王”油椰子

油棕属多年生单子叶植物，是热带木本油料作物。植株高大，须根系，茎直立，不分枝，圆柱状。叶片羽状全裂，单叶，肉穗花序，雌雄同株异序，果实属核果。油棕的果肉、果仁含油丰富，在各种油料作物中，有“世界油王”之称。

油棕的外形很像椰子，因此又名“油椰子”，它的故乡在非洲西部。曾经在很长的一段时间里，它默默无闻地生长在故乡，不被人们所了解。直到20世纪初，才被人们发现和重视，如今已是世界“绿色油库”中的一颗明星，成了非洲人民名副其实的“摇钱树”。

产量最高的产油植物

油棕高达10米，四季开花，花果并存，油棕核果呈卵形或倒卵形，每个大穗可以结果1000～3000个，团成球状。最大的果实重达20千克。果肉、果仁可达15千克，含油率在10%左右。棕油就是从油棕果实中榨出的油，由棕仁榨出的油称为棕仁油，它们都是优质的食用油，可以精制成高级奶油、巧克力糖。油棕是世界上单位面积产量最高的一种木本油料植物。一般亩产棕油可达200千克，产量比花生油高五六倍，说它是“世界油王”自然是顺理成章的事情。

棕油精炼后是营养价值极高的食用油脂，但价格便宜。可制造人造奶油；棕油主要用来制造肥皂、润滑油、化妆品等，也是纺织业、制革业、铁皮镀锡的辅助剂等，由于油量高，方便面面饼也用油棕的油炸。

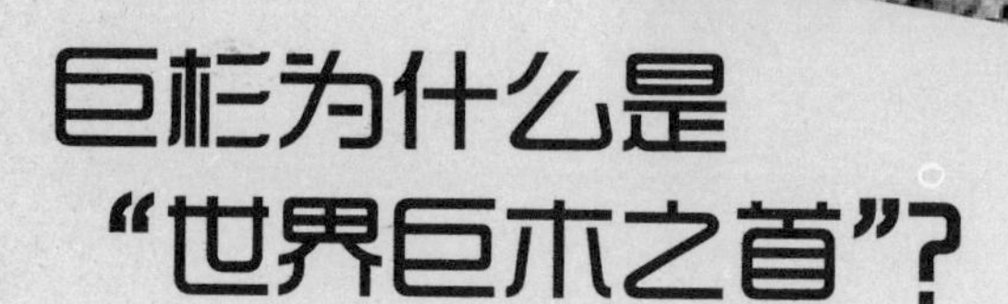

巨杉为什么是“世界巨木之首”?

巨木之首“世界爷”

世界上的树木种类繁多不下几万种，它们大多身形挺拔巨大，这一庞大的种群组成了地球上浩瀚的森林，不仅为人类提供了栋梁之材和舟楫之便，还为平衡环境、造纸等工业提供了便利。其中，有个大名鼎鼎的“家伙”便是美国加利福尼亚巨杉。

巨杉是美国加利福尼亚山区特有的杉科树种，由于具有纵裂的淡红棕色树皮，与另一种生长在加州沿海地区的杉科树种——北美红杉，一起被俗称为“红杉”。这两种树虽然在19世纪才被植物学家所描述，但它们异常高大、长寿的特征，很快引起了全世界的关注，被誉为“世界爷”。其中巨杉在粗大上更为突出，虽然最高的仅90米左右，但最大直径却可超过10米，这让它们成为了世界上体积最大的树，成为了当之无愧的“世界巨木之首”。

“谢尔曼将军”巨树

目前，世界公认的最大的巨杉是一株被尊称为“谢尔曼将军”的巨树。据估计，“谢尔曼将军”树可以出55753平方米板材，如果用它们钉一个大木箱的话，足可以装进一艘万吨级的远洋轮船。

据说，“谢尔曼将军”树荣登世界树木之王宝座仅是20世纪的事。在19世纪美国西部开发的热潮中，许多历经几千年沧桑的巨杉树纷纷倒在了伐木者的面前，其中有几株甚至比“谢尔曼将军”树更巨大。目前，这株世界“万木之王”受到了美国政府的特别保护，傲然挺立在内华达山脉西侧的红杉国家公园中，成了美国人民心目中的“英雄”。

中文名称：巨杉

植物分类：柏科巨杉属

形态特征：树冠呈金字塔形，树皮淡红棕色，有沟，叶鳞状钻形，螺旋排列

主要分布地区：美国

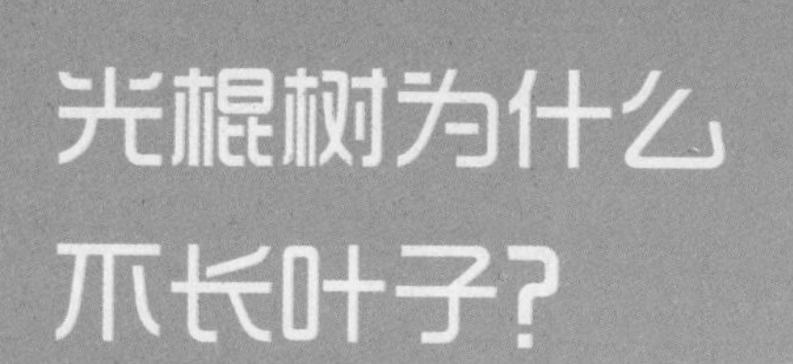

光棍树为什么不长叶子?

中文名称：光棍树
别称：绿玉树、绿珊瑚
植物分类：大戟科大戟属
形态特征：枝肉质，圆柱状，绿色，簇生或散生，叶缺少或仅数枚散生
主要分布地区：非洲南部

它没有叶子怎么生存呢？

在非洲生长着一种奇异而有趣的树，树上一年到头只是一些光溜溜的绿枝，不长叶子，即使偶尔长叶，也很少，因此人们叫它"光棍树"。

这种奇特的植物为什么不长叶子呢？原来，光棍树的老家在非洲热带的荒漠干旱地区，由于那里气候炎热、干旱少雨，水分的蒸发量巨大。由于严重缺水，许多动植物大量死亡，乃至灭绝。在漫长的岁月中，植物为适应环境，都会产生变异。在这样严酷的自然条件下，原本有叶子的光棍树，经过长期的演化，叶子越来越小，逐渐消失，终于变成今天这副怪模样。没了叶子的光棍树体内水分蒸发减少，也就避免了被旱死的厄运。并且，它的枝条里含有大量的叶绿素，能代替叶子进行光合作用，制造出供植物生长的养分，这样光棍树就得以生存了。

它也会长树叶的哦

如果把光棍树种植在温暖湿润的地方，它不但会很容易地繁殖生长，而且还可能会长出一些小叶片呢！这也是为适应湿润环境而产生的，生长出一些小叶片，可以增加水分的蒸发量，从而达到保持体内的水分平衡。由于它的枝条碧绿，光滑，有光泽，所以人们又称它为绿玉树或绿珊瑚。在热带植物园的沙漠植物观赏区中常常可以看到它的身影。

关于光棍树有一种很有趣的说法：没有结婚的年轻人是不能摸光棍树的，否则就得打一辈子光棍。

为什么松树能够四季常青？

中文名称：落叶松
植物分类：松科落叶松属
形态特征：针状叶
主要分布地区：亚洲、欧洲

四季常青的奥秘

对于大部分树木来说，在冬天，为了避免过多的水分蒸发，都会脱落一身的叶片，光秃秃的过冬，但有些树则不然，比如松树、冷杉、云杉等，它们四季常青，傲然地度过寒冷的冬天，这其中有什么奥秘呢？

其实，松树、冷杉及云杉上的针其实也是叶子——针状叶，但是它们的表皮非常坚硬，这样从表皮的毛孔中流失的水分就会比普通落叶木的叶子少很多。此外，这些针状叶上还覆盖着一层保护层，能够保护它们尽量少受寒冷和干旱的影响。因此，它们没有任何理由"抛弃"它们的叶子，四季常青也就理所当然了！

它们也有枯叶凋落

当然，并不是这些植物不会落叶，相反，这些植物每年都有枯叶脱落，因为这些植物的叶子寿命较长，有的可生活几年至10多年。在这些植物下面也可见到很多枯叶。由于这些植物每年还会不断长出许多新的绿叶，尽管会有少量叶子脱落，而留存在植物体上的叶依然很多。从整体上看，植物体仍被绿叶覆盖，因此看上去四季常青。

并非所有的针叶树冬天都不落叶，也有例外，比如落叶松。落叶松是欧洲唯一会“抛弃”针叶的针叶树。小朋友们可以用手摸摸落叶松的针，会发现它非常软，这是由于落叶松的针叶上没有保护层！

为什么松树能长在石缝中?

能溶解岩石

众所周知，树木生长需要适合的土壤，越是大树越是如此，因为它们需要从土壤中吸收更多的养分，但有些枝繁叶茂的松树却能生长在石缝中，那里土壤极少，它们是怎样生存的呢?

松树的叶子像针似的，水分蒸发比较少，因此更能抗旱；而且松树的根系不断分泌一种有机酸，能慢慢溶解岩石，变成粉末状土壤，把岩石中的矿物盐类分解出来为己所用；花草、树叶等植物腐烂后，也分解成肥料，以便树根深深扎入石缝之中。

松树根系有菌根菌共生。主要为外生菌根的菌丝体形成鞘，包围着短的侧根，有利于根系对水分和养料的吸收。因而诱发菌根发育对有些松树造林的成败至关重要。松树的树皮很厚实，不怕寒冷，不怕风雨。所以，有了这些条件，松树能长在石缝中也就不足为奇了。

黄山迎客松

黄山迎客松位于玉屏楼左侧，倚狮石破石而生，高10米，胸径0.64米，树龄至少已有800年，一侧枝丫伸出，如人伸出臂膀欢迎远道而来的客人，雍容大度，姿态优美。黄山迎客松是黄山的代表，是黄山的象征，是黄山的标志性景观，景物。

中文名称：松树
植物分类：松科松属
形态特征：扁平线形或针形的叶子，螺旋状互生，或在短枝上成簇生状
主要分布地区：中国、日本、朝鲜、俄罗斯

榕树为什么能独木成林？

根系发达的树种

榕树是一种寿命长、生长快、侧枝和侧根都非常发达的树种。榕树种子萌发力很强，由于飞鸟的活动和风雨的影响，使它附生于母树上，摄取母树的营养，长出许多悬垂的气根，能从潮湿的空气中吸收水分；入土的支柱根，加强了大树从土壤中吸取水分和无机盐的作用。最为奇特的是，它的主干和枝条上可以长出许多气根，它们向下垂落，落地入土后不断增粗成为支柱根。支柱根不分枝不长叶，除了负责吸收水分和养料，还支撑着不断向外扩展的树枝，使树冠不断扩大。这样，柱根相连，柱枝相托，枝叶扩展，就形成遮天蔽日、独木成林的奇观。

世界各地的榕树

我国广东省中山市有一棵大榕树，树冠覆盖面积6000多平方米，犹如一片茂密的“森林”，这里距海不远，以鱼为食的鹤、鹳等鸟类纷纷把这里当成日出晚宿的栖息场所，当成自己的 “天堂”。台湾、福建、广东和浙江的南部都有榕树生长，田间、路旁大小榕树都成了一座座天然的凉亭，是农民和过路人休息、乘凉和躲避风雨的好场所。而孟加拉国的热带雨林中一株大榕树，树冠覆盖面积有10000多平方米，据载曾容纳一支几千人的军队在树下躲避骄阳。

榕树叶茂如盖，四季常青，枝干壮实，不畏寒暑，傲然挺立，象征着开拓进取、奋发向上的精神。

中文名称：榕树

别称：细叶榕、成树、榕树须

植物分类：桑科榕属

形态特征：树形奇特，枝条上生长的气生根，向下伸入土壤形成新的树干

主要分布地区：中国、印度、缅甸、马来西亚

纺锤树为什么可以提供“自来水”？

绿色的水塔

纺锤树生长在南美的巴西高原，因树形酷似纺锤而得名。它一般高30米左右，腰围却有15～16米，由中间向两头逐渐变细变尖。远远望去，仿佛一个个大纺锤插在地里。

瓶子树长成这奇特模样，跟它生活的环境相关。巴西北部的亚马逊河流域，炎热多雨，为热带雨林区；南部和东部，一年中旱季时间长，气候干旱，土壤干燥，为稀树草原地带。处在热带雨林（热带疏林），一年里有雨季也有旱季，但是雨季较短，瓶子树就生活在这个中间地带，它的生态与这个特定的环境相适应。旱季落叶或在雨季萌出稀少的新叶，都是为了减少植物体内水分的蒸发和损失。瓶子树的根系很发达，在雨季来到后，尽量地吸收水分贮水备用。一般一棵大树可以贮水2吨，犹如一个绿色的水塔。因此它在漫长的旱季中不会干枯而死。

沙漠旅行者的甘泉

据说，一棵大树可以贮水两吨多。同时，纺锤树顶上开始滋生稀疏的枝条，长出心形的叶片。旱季来临，绿叶凋零，枝头绽出朵朵红花，纺锤树又成了插着花束的大花瓶，所以当地人又称它为“花瓶树”。纺锤树和仙人掌一样，是沙漠里旅行者的甘泉。人们口渴时，在树上挖个小孔，就可以饮到清凉的“自来水”了。

为什么椰子树喜欢长在海边？

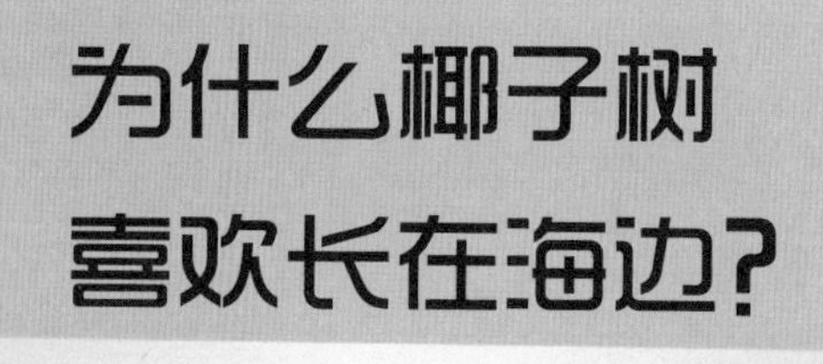

椰子树的生长环境

世界上的椰子树几乎都生长在海边，成了热带海滨最具代表性的风光。为什么椰子树喜欢长在海边呢？

椰子为热带喜光作物，在高温、多雨、阳光充足和海风吹拂的条件下生长发育良好。要求年平均温度在 24 ～ 25℃以上，温差小，全年无霜，椰子才能正常开花结果，最适生长温度为 26 ～ 27℃。就土壤肥力来说，要求富含钾肥。土壤 pH 值可为 5.2 ～ 8.3，但以 7.0 最为适宜。椰子具有较强的抗风能力，6 ～ 7 级强风仅对其生长和产量有轻微的影响。

海边有合适的环境

首先那儿有充足的水分、阳光、适宜的温度和富含钾的沙土，完全能满足椰子树生长所需要的条件。其次，当椰子树上的果实——椰子成熟时，它们就会掉到海滩上或海水里，等着被海水冲走，然后随着海水旅行，直到再次被冲上海岸，然后在新的地方生根发芽，长成一棵新的椰子树。

椰子的外皮由松软的木质构成，具有很强的漂浮能力，常常可以在海上漂泊几个月之久。

中文名称：椰子树

植物分类：棕榈科椰子属

形态特征：树干挺直，顶端生有羽状叶片

主要分布地区：热带、亚热带高温、多雨阳光充足的地区

中文名称：苏铁

别称：铁树、凤尾蕉

植物分类：苏铁科苏铁属

形态特征：茎干圆柱状，不分枝，羽状复叶，雌雄异株，花期也不一致

主要分布地区：东南亚、中国、澳大利亚等地区

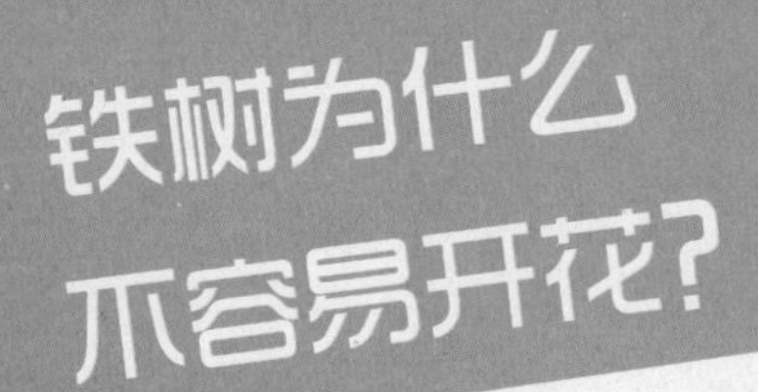

铁树为什么不容易开花？

铁树是开花的

说铁树不容易开花，其实是一种误解。

铁树是一种美丽的观赏植物，也是一种古老的裸子植物。它树形美观，四季常青。一根主茎拔地而起。四周没有分枝，所有的叶片都集中生长在茎干顶端。铁树叶大而坚挺，形状像传说中的凤凰尾巴。为此，人们又把铁树称为“凤尾蕉”。

铁树一般在夏天开花，它的花有雌花和雄花两种，一株植物上只能开一种花。这两种花的形状大不相同：雄花很大，好像一个巨大的玉米芯，背面着生多数药囊，刚开花时呈鲜黄色，成熟后渐渐变成褐色；而雌花却像一个大绒球，下方两侧着生有2～4个裸露的直生胚珠，最初是灰绿色，以后也会变成褐色。

为什么很难看到它们开花？

由于铁树的花并不艳丽醒目，而且模样又与众不同，不熟悉的人大多视而不见。这便是人们觉得铁树开花十分罕见的一个原因。

铁树开花常无规律，且不易看到开花，故有“千年铁树开花”的说法，言其开花较少，一般15～20年树龄的老树可开花，如果栽培得法，也可数年开花1次，在南方生长环境良好时，每年可见开花，花期可长达1个月之久，一般在6—8月间开的是雄花，10—11月开的是雌花。

“棉花”是怎么长在树上的？

“棉花”高高挂在枝头

标题中所说的“棉花”可不是我们平常看到的那种低矮的用来做衣服的棉花，而是木棉果荚里的絮状物。

木棉是南方特有的植物，五片艳丽的花瓣有着强劲的曲线，包围一束绵密的黄色花蕊，收束于紧实的花托，一朵朵都有饭碗那么大，花开时节，它们迎着阳光自树顶端向下蔓延，分外灿烂。

木棉花凋落后生出椭圆形的木质果荚，里面充满了棉絮，果荚成熟的时候会自动地裂开，一团团雪白的“棉花”就裸露出来，高高地挂在枝头。也正因此，它才被亲切地叫做木棉花。棉絮可以做枕头、棉被、十字绣等填充材料。

英雄树

木棉也被人们亲切地称为“英雄树”，艳丽的木棉花自然也就被称为“英雄花”。这是因为它们的枝干壮硕、花型硕大而艳丽，即便在凋落时，在空中仍会保持原状，落地后仍能长时间保持不褪色、不委顿，色彩犹如英雄的鲜血，姿态犹如英雄的风骨。

中文名称：吉贝
别称：攀枝花、红棉树、英雄树
植物分类：木棉科木棉属
形态特征：树冠呈伞形，掌状复叶，树干基部生瘤刺
主要分布地区：亚洲、非洲、美洲地区

在海南岛五指山，有位英雄叫吉贝，他多次率领黎族人民抗御外敌，屡立战功，得到人民的爱戴。后因叛徒出卖，被敌人围困在大山上，身中数箭，仍屹立山巅，身躯化为一株木棉树，箭翎变为树枝，鲜血化成殷红的花朵。后人为纪念他尊称木棉为英雄树，把木棉花称为英雄花。黎族人民为了表示对民族英雄吉贝的怀念与崇敬，每逢男女结婚之日，都要精心种植一株木棉树。

竹子为什么长得特别快？

每一节都在同时生长

在植物界，竹的生长速度堪称冠军，有些竹的空心茎每天可长 40 厘米，仅需要十几天就能长到十几米甚至更高，这实在太惊人了。

竹之所以长得这么快，是因为它的许多部分都在同时生长。

一般植物都是依靠其顶端分生组织中的细胞分裂、变大而生长的。但竹却不一样，它的分生组织不仅顶端有，而且每一节都有。如果我们挖一只竹笋，将它一分为二，就会发现里面的竹节都连得很紧，就像一只被压缩过的弹簧。当它在温暖、湿润的环境中破土而出，每一节的分生组织就会不断地产生新细胞，相邻竹节间的距离也会逐渐拉长。如果每根竹笋有 60 个节的话，那么它的生长速度就是其他植物的 60 倍。随着竹的不断长大，竹节外面包裹的鞘就会脱落，鞘全部脱落后，竹就停止生长了。

雨后春笋

竹子是一种多年生的常绿植物，它的地下茎既能贮藏和输送养分，又有很强的繁殖能力。横着生长的竹鞭和地上的竹子一样也是一节一节的，节上长着许多须根和芽。冬天，竹鞭上的芽贮足了和生长所必需的各种养分，到了春天天气转暖时，就开始萌发长成春笋。可是，这个时候土壤还比较干燥，水分不够，所以春笋长得不快，有的还暂时藏在土里。下了一场春雨后，土壤里水分多了，土质也变得很松软，这时，吸足了水分的春笋便像箭一样纷纷窜出地面。竹子的生长速度很快，有时一昼夜可以长高 1 米多，特别是春雨过后，24 小时之内可以拔高 2 米，不到一年时间，就能长成竹林。

大部分的竹会花上数年或数十年的时间积蓄营养，一旦开花，其体内蓄积的养分便会快速被消耗，等消耗殆尽，它们的生命也就完结了。但并非所有竹都会在开花后死亡，斑竹、桂竹、水竹等开花后仍会存活。

仙人掌为什么有刺?

中文名称：仙人掌

别称：仙巴掌、霸王树

植物分类：仙人掌科仙人掌属

形态特征：肉质茎，针状叶

主要分布地区：南美洲、非洲及亚洲等热带沙漠地区

独特的生存法宝

沙漠中常年干旱，降雨非常稀少，因此动植物想要在沙漠中生存十分困难，许多生长在沙漠中的动植物都有它们独特的生存法宝。

仙人掌的法宝就是它们浑身的刺。实际上，仙人掌的刺便是它的叶子，术语叫做针状叶，这是因为仙人掌大多生长在干旱少雨而阳光强烈的地带，为了避免体内水分过快蒸发，便逐渐演化成了这种表面积极小的针状叶——尖刺。另外，这些尖刺还能保护它们少受或免受沙漠中动物们的啃食。

仙人掌中存储的水分在沙漠中是十分宝贵的财富，许多动物都想通过吃仙人掌来获得水分。但是仙人掌周身长满了扎人的刺，所以大部分动物都不敢碰它。这些刺成为仙人掌的"保护神"!

仙人掌可以吃

不仅如此，刺的数量多少以及排列、色彩、形状等各种各样，变化无穷，给人以美的享受。同时它又是鉴别种类进行分类的重要依据。刺的形状主要有锥状、巴首状、钩状、锚状、栉齿状和羽毛状等。在墨西哥的市场上，一些片状仙人掌的嫩茎，可作为蔬菜出售，仙人掌可以吃。墨西哥的饼食点心、菜肴脍炙人口，就是用当地的仙人掌科植物的花卉烹制出来的。

无花果真的不开花吗？

看不见开花过程

无花果，顾名思义，就是不开花也结果。可是，不开花怎么能结果呢？

一般植物是由花托把花萼、花冠、雄蕊、雌蕊抬得高高的，来吸引蜂来蝶往。无花果实际上也是有花的，只是它的花器构造和开花过程比较特殊。在百花争艳的季节，无花果的花却静悄悄地，隐在新枝叶腋间，它的雄花雌花都躲藏在囊状肥大的总花托里。总花托顶端深凹下去，造成一间宽大的“房子”。由于总花托把雄花雌花从头到脚都包裹起来了，外面看不到花，果子又在花托的包围下长大。在植物学上称为隐头花序。

名不副实的无花果

古代的人们只看到它的浆果从叶片下钻出来，却没有看到它开的是什么样的花，因而误认为它是不开花的，就给它取名“无花果”。

当然，包裹小花的圆球也并不是完全密封的，它的顶上有一个小孔。到了开花的季节，有一种小蜜蜂会准确地找到无花果的位置，灵巧地钻进圆球的小孔里去采蜜，帮助无花果完成传粉的“工作”。因此，无花果有些名不副实，它其实是开花的。

中文名称：无花果

别称：映日果、品仙果、奶浆果

植物分类：桑科落叶灌木或小乔木

形态特征：全株含有白色乳液，外观只见果不见花

主要分布地区：原产亚洲西部，中国长江流域以南及山东沿海地区有少量种植，新疆南部栽培较多

花儿都是香的吗？

臭臭的大王花

如果你认为花儿都是香的，那可就大错特错了。偏偏有些花儿就是臭的！生长在热带雨林中的大王花就是一种“臭花”！

大王花号称世界第一大花，一生只开一朵花，花期只有4～5天。在这几天中，花朵会不断地释放出一种腐肉般的恶臭味，吸引一些逐臭的昆虫，如某些蝇类和甲虫前来为它传粉。花期过后，大王花会逐渐凋谢，颜色慢慢变黑，最后会变成一摊黏乎乎的黑东西。不过受过粉的雌花，会在7个月后渐渐形成一个腐烂的果实。

世界上最臭的花

无独有偶。原产于印度尼西亚的泰坦魔芋也是一种有臭味的花，它们可是世界上最大的花，花朵的直径可达1.5米，高约3米。它在开花时也会散发出令人作呕的恶臭味，被称为“世界上最臭的花”。泰坦魔芋遥远的祖先是“尸香魔芋”，这种植物早已灭绝千年之久，传说中“尸香魔芋”是守护所罗门王宝藏的一种诡异的花卉，它生长在用昆仑神木做的棺材上，用它妖艳的颜色，诡异的清香，制造出由幻象组成的“甜蜜”陷阱，引诱人们走向死亡。所以，它的花语为走向死亡。

大王花是一种专门“盗取”其他植物营养的寄生植物。它既没有叶子也没有茎，而是寄生在葡萄科植物的根或茎的下部，专靠吸收这些植物的营养来生活。

中文名称：大王花

别称：霸王花

植物分类：大花草科大花草属

形态特征：花朵硕大艳丽，臭味浓烈

主要分布地区：马来半岛及加里曼丹、苏门答腊等岛屿

为什么黑色的花很少见？

颜色与太阳有关

严格地说，真正纯黑色的花并不存在，而像黑牡丹、黑玫瑰等都是深紫色的，只不过接近黑色而已，即便如此，深紫色、蓝紫色等深色花也非常少见，这是为什么呢？原来这与太阳有关。太阳光由7种不同颜色的光组成，光波长短不一，所含散射出来的热量也不相同。在自然界中，红色和黄色的花之所以比较多，是因为它们的花瓣能够反射阳光中含热量较多的红光和黄光，具有自我保护能力；而如果是黑色的花瓣，就会吸收全部的光，花朵容易受到伤害，因此，通过天长地久的自然选择，黑色花卉的品种就显得特别稀少而罕见了。

自然选择的结果

除此之外，红色、黄色等鲜艳的颜色容易吸引蝴蝶蜜蜂等可以帮助它们传粉繁殖后代的昆虫。根据达尔文的自然选择学说，红色黄色花朵较多，深色花少，是自然选择的结果。

从花的自身细胞元素上来看，就像树叶含有叶绿素呈现绿色一样，花瓣的细胞液里都含有由葡萄糖变成的花青素。当它是酸性的时候，呈现红色，酸性愈强，颜色愈红。当它是碱性的时候，呈现蓝色，碱性较强，成为蓝黑色，如墨菊、黑牡丹等。而当它是中性的时候，则是紫色。

牡丹为什么是“花中之王”？

最负盛名的花王

牡丹是中国传统花卉中最负盛名的，有红牡丹、紫牡丹、白牡丹、黄牡丹，还有罕见的黑牡丹、绿牡丹等众多品种，它们不仅颜色鲜艳，而且花型很大，花姿典雅、端庄，每当开花时节，还芳香四溢，古人曾赞美它：“唯有牡丹真国色，花开时节动京城”。

牡丹与中国文化密不可分。传说唐朝武则天冬日醉酒，令百花开放，唯牡丹抗旨未发，被贬洛阳。这倒使洛阳牡丹获得了“天下第一”的美称。

“百花之王”

牡丹花不仅美丽，它的根还是一味很好的药材。说它冠绝众香也就理所当然了，辛亥革命前，牡丹就曾被誉为我国的国花，二十世纪八十年代还曾被选为中国十大名花之首，近些年，在全国性的国花评选活动中，它还与梅花争艳，同为中选呼声最高的花种。

唐诗赞它：“佳名唤作百花王”。又宋词“爱莲说”中写有：“牡丹，花之富贵者也”，名句流传至名。“百花之王”、“富贵花”亦因之成了赞美牡丹的别号。

中文名称：牡丹
别称：鼠姑、鹿韭、木芍药、富贵花
植物分类：毛茛科芍药属
形态特征：羽状复叶，互生，花朵单生，硕大色艳
主要分布地区：中国、日本、美国、法国

中国洛阳、菏泽均以牡丹为市花，每年于4月15至25日举行牡丹花会。兰州、北京、西安、南京、苏州、杭州等地均有牡丹景观。此外，牡丹的形象还被广泛用于传统艺术，如刺绣、绘画、印花、雕刻中。

中文名称：昙花

别称：琼花、月下美人

植物分类：仙人掌科昙花属

形态特征：夜间开放，大型白色花，呈漏斗状，有芳香

主要分布地区：广泛分布于世界各地

昙花为什么只在晚上开放？

仙女花昙花

“昙花一现”这个成语几乎是无人不晓，用来比喻某些事物出现的时间非常短暂。昙花的开花季节一般在6至10月，开花的时间一般在晚上8到9点钟以后，盛开的时间只有3至4个小时，十分短促。

在炎热的夏季，当清风凉爽的夜幕降临，素有仙女花之称的昙花才开放，顿时芳香四溢，白花绿茎，相互映衬，美极了。

昙花选择在晚上开，这与气候条件有关：娇嫩的昙花喜欢温暖湿润的环境。在昙花的故乡——南美洲，夏天的晚上比白天凉爽许多，晚上开花能使花朵避开阳光暴晒。在那里，晚上21:00～22:00，气温20～26℃，相对湿度80%以上，具备了昙花开放的条件。到了深夜，气温降低，昙花逐渐凋谢；这样就有效地避免了高温及低温对它的伤害。

昙花一现，只为韦陀

相传昙花原是一位花神，她每天都开花，四季都灿烂。她还爱上了每天给她浇水除草的年轻人。后来此事被玉帝得知，玉帝于是大发雷霆要拆散鸳鸯。玉帝将花神抓了起来，把她贬为一生只能开一瞬间的昙花，不让她再和情郎相见，还把那年轻人送去灵鹫山出家，赐名韦陀，让他忘记前尘，忘记花神。

后来那小伙子忘记了花神，可是花神却忘不了小伙子。她知道每年暮春时分，韦陀尊者都会上山采集朝露为佛祖煎茶的，于是她就选在那个时候开花，希望能见他一面，只可惜的是，春去春来，花开花谢，韦陀从未出现在她的面前。昙花一现，只为韦陀。所以昙花又名韦陀花。

昙花原产于墨西哥、巴西等热带森林里，喜欢温和湿润的气候环境。昙花属于仙人掌科，是一种多年生常绿肉质草本植物。

玉兰为什么先开花，后长叶？

中文名称：白玉兰

别称：木兰、玉兰

植物分类：木兰科木兰属

形态特征：花先于叶生长，顶生直立，钟状，朵大

主要分布地区：中国

为什么先花后叶呢？

大多数植物都是先长叶后开花的，可是玉兰却不一样。春天到来的时候，玉兰的树枝上还光秃秃的不见一片树叶，却在枝头上开出来一朵朵大大的或白或紫的花。过一段时间，美丽的花朵都凋落了，玉兰才长出绿叶来，这是怎么回事呢？

原来，玉兰花芽生长需要的温度比较低，早在冬天，硕大的冬芽已经为早春的绽放积蓄了足够的营养，而它的叶芽生长则需要比较高的温度，所以玉兰总是先开花，等气候变得暖和了它才开始长叶子。先开花后长叶的不只玉兰一种植物，常见的迎春花、连翘也是先开花后长叶的，你注意到了吗？

防污染树种

玉兰性喜光，较耐寒，可露地越冬。爱干燥，忌低湿，栽植地渍水易烂根。喜肥沃、排水良好而带微酸性的砂质土壤，在弱碱性的土壤上亦可生长。在气温较高的南方，12月至翌年1月即可开花。玉兰花对有害气体的抗性较强。如将此花栽在有二氧化硫和氯气污染的工厂中，具有一定的抗性和吸硫的能力。用二氧化硫进行人工熏烟，1公斤干叶可吸硫1.6克以上。因此，玉兰是大气污染地区很好的防污染绿化树种。

玫瑰为什么有刺？

美丽的玫瑰

玫瑰是一种大家非常喜欢的植物，但玫瑰茎上布满了尖刺，又让许多喜爱它的人望而却步。但小朋友们知道吗？玫瑰长刺是为了保护自己不受动物的侵害。

玫瑰是蔷薇科植物，根据颜色可以分为很多种。但是无论是哪种玫瑰，几乎都是十分鲜艳的。而且玫瑰大多都带有迷人的香味，再加上绿色的叶子，十分漂亮。这样的玫瑰，对动物，昆虫等都充满了吸引力，很容易引来它们。

中文名称：玫瑰
别称：刺玫花
植物分类：蔷薇科蔷薇属
形态特征：花单生，枝杆多刺，圆卵形叶片，边缘锯齿状
主要分布地区：亚洲、墨西哥、保加利亚等地

刺是自我保护的武器

于是，为了不被吃掉，玫瑰就只好自己保护好自己，于是就在身上长刺作为自我保护的武器。尤其是玫瑰的下半部分，即玫瑰的茎，是重点保护对象，因为到了春天，玫瑰的茎上会生出许多新的枝杈。因此，玫瑰茎上的刺又长又尖，小鹿或者兔子绝对不愿意碰它。

所以，玫瑰长的并不是真正意义上的刺，而是一种变态茎。是玫瑰在长期的演化过程中为了适应生长环境、保护自己免受伤害而出现的一种生态反应。

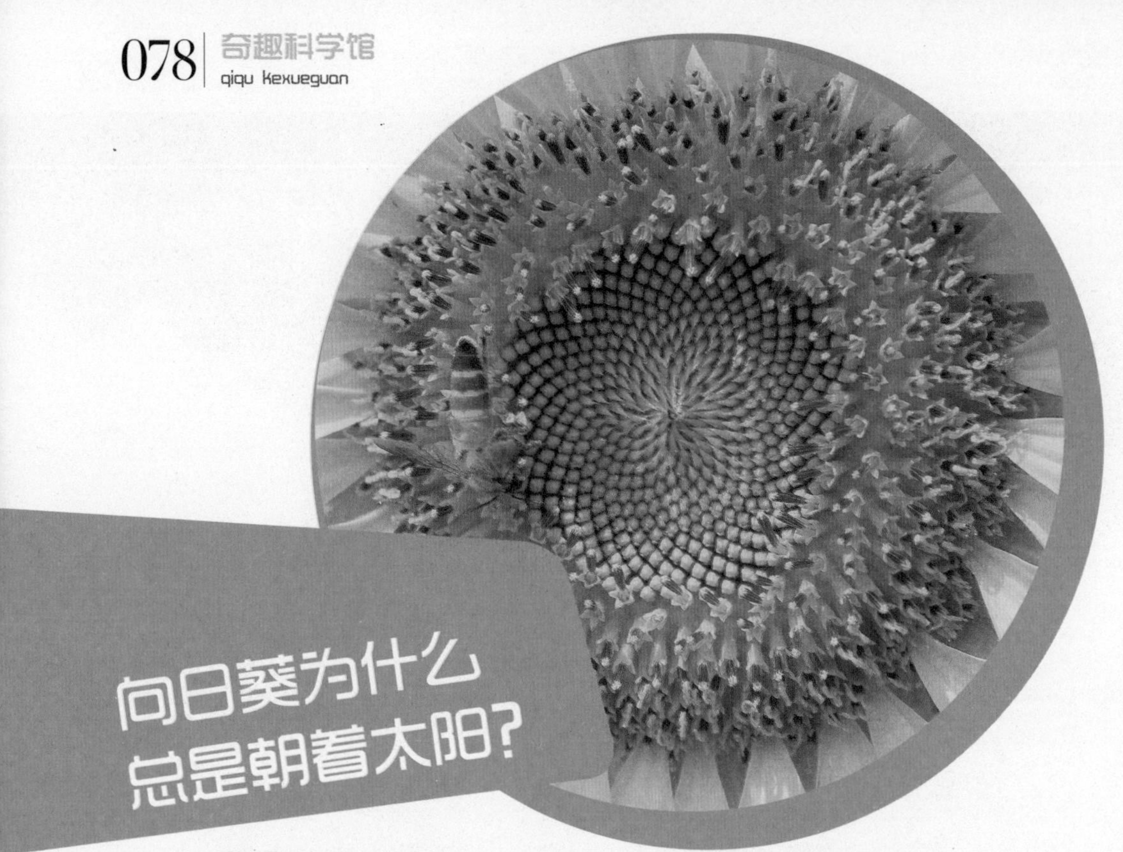

向日葵为什么总是朝着太阳?

“朵朵葵花向太阳”

“朵朵葵花向太阳。”每天清晨向日葵都会面向东方，迎接太阳升起；到了傍晚又转向西方，目送夕阳落山。向日葵总是追随太阳的脚步，不过这种跟随并不是即时的，大约落后太阳12度，即48分钟。向日葵向阳是植物运动的一个常见现象。向日葵的茎部有一种奇妙的植物生长素，这种生长素非常怕光，向日葵在阳光的作用下，背光面的生长素多，生长较快；而向阳面的生长素少，生长较慢，于是就逐渐向着有阳光的那一面弯曲了。

不是一直向日转动

花盘一旦盛开后，向日葵就不再向日转动了，而是固定朝向东方。这样做，不仅可以在清晨烘干夜露，减小被霉菌侵袭的风险，还可以有效地避免正午的阳光灼伤花粉，保证传粉受精的顺利进行。

中文名称：向日葵

别称：太阳花、转日莲

植物分类：菊科向日葵属

形态特征：茎粗壮，直立，心形叶片，盘状花序可随太阳转动

主要分布地区：广泛分布于世界各地

克丽泰是一位水泽仙女。一天，她在树林里遇见了正在狩猎的太阳神阿波罗，她深深为这位俊美的神所着迷，疯狂地爱上了他。可是，阿波罗连正眼也不瞧她一下就走了。克丽泰热切地盼望有一天阿波罗能对她说说话，但她却再也没有遇见过他。于是她只能每天注视着天空，看着阿波罗驾着金碧辉煌的日车划过天空。她目不转睛地注视着阿波罗的行程，直到他下山。每天每天，她就这样呆坐着，头发散乱，面容憔悴。一到日出，她便望向太阳。后来，众神怜悯她，把她变成一大朵金黄色的向日葵。她的脸儿变成了花盘，永远向着太阳，每日追随他——阿波罗，向他诉说她永远不变的恋情和爱慕。因此，向日葵的花语就是——沉默的爱。

“石头”也会开花吗？

有生命的石头

有时候，你会看见花盆里几粒暗淡的小石头中间竟然会开出了一朵漂亮的小花。石头真的会开花吗？石头当然不会开花！这种看似有生命的石头叫作生石花。那些躺在砾石中的小石头其实是生石花的叶子，两片对生叶叶肉肥厚，呈倒圆锥体状，顶面色彩和花纹各异，外形很像卵石。生石花开在对生叶中间的缝隙中，形似菊花，有黄、白、粉等颜色。

模拟石头形态保护自己

石头花非雨季生长开花，开花时刻，生石花犹如给荒漠盖上了巨大的花毯。但当干旱的夏季来临时，荒漠上又恢复了石头的世界。这些表面没有针刺保护的肉质多汁植物，正是因为成功地模拟了石头的形态，这被称为“拟态”，才有效地骗过了食草动物，繁衍至今，形成了植物界的独特景观。生石花开花多在下午开放，傍晚闭合，次日午后又开，单朵花可开 7 ～ 10 天。开花时花朵几乎将整个植株都盖住，非常娇美。花谢后结出果实，可收获非常细小的种子。

生石花为什么会呈现如此有趣的形态呢？生石花原产于非洲南部干旱少雨的砂石地带。每逢旱季，它逐渐萎缩埋入土里，仅留顶面露出地表，伪装成砂砾一般，以防止被小动物掠食。

世界上最长寿的叶片属于谁？

“一岁一枯荣”是植物界很多品种的写照，它们的生命周期大多很短，但你知道吗，最长寿的叶片居然生长在干旱的沙漠地区呢。

在沙漠中植物们都面临着一个严峻的问题——它们没有腿，不能逐水而居，所以它们必须利用好每一滴水，熬过漫长的干旱季。在世界上最古老的沙漠——纳米布沙漠，有些植物在长达5500万年的时间里进化出了完美的生存技巧，甚至有些植物只能在这里，而不能在世界上的其他地方繁衍。这其中就包括世界最长寿的叶片植物之一——百岁兰。

一生只有两片真叶

百岁兰能长到一米高，一生只长两片真叶。这两片叶子硕大，呈条带状，长达2～3.5米，宽约60厘米，它们在地面上不断干枯、分裂，因此，百岁兰看起来就好像有许多叶子一样，能有效地吸收周围空气中的水分，加之它的根系极深、极广，使它能够吸收到更多的地下水。另一个造就百岁兰叶片长寿的原因就是它生长在近海沙漠，那里有大量的海雾，会形成重重的雾水落下来，能源源不断地为百岁兰提供水源。在百岁兰叶片的基部，具有分生能力的细胞，它们不断地生长，造就了自然界一个神奇、长寿的品种——百岁兰，而百岁兰中的一个品种——“奇异百岁兰”的寿命甚至可达2000岁，其叶片自然也就能存活2000年了。

与恐龙同时代的百岁兰在大自然中几乎举目无亲，植物学归它们为百岁兰目，是极其珍贵的孑遗植物，只有在西南非洲的狭长近海沙漠才能找到。

从幼叶伸展开始到叶的衰老、枯萎、脱落，这段时间叫叶的寿命。叶子的寿命各不相同，有的只有十多天到几个月的寿命。桑叶能活130天左右，女贞的叶子能活200天左右，紫杉叶子的寿命是6～10年，冷杉的叶子可生长12年。
中文名称：百岁兰
别称：百岁叶、千岁兰、二叶树
植物分类：百岁兰科百岁兰属
形态特征：一生只有两片真叶，形似皮带
主要分布地区：非洲

叶子为什么大多是绿色的？

绿叶中的“发电厂”

植物的绿叶中有一个小型的“发电厂”，它能够利用水、空气及阳光来生产植物所需要的养分，即碳水化合物。没有阳光，这一过程就没法完成。植物叶片中的“发电厂”实际上是有一种绿色液状物质——叶绿素构成的。

阳光有七种颜色

叶绿素进行光合作用，需要利用阳光。我们都知道，阳光其实是由七种颜色的光组成的，即红橙黄绿青蓝紫。虽然植物受到七种颜色的光的照射，但是对每种光的吸收能力却是不同的。其中，绿色光的吸收能力最低，因此绿色的光就被反射了。

因此大部分草和植物叶片都是绿色的。

扁平有利于光合作用

正常地进行光合作用是植物们健康成长的前提条件，但怎样才能让光合作用正常进行呢？那就是叶片要生长得健康、科学！植物叶片在阳光的照射下，能利用水和二氧化碳，合成碳水化合物，释放出氧气。植物为了获得充足的光和二氧化碳，就必须使叶子的表面积尽可能地扩大。

体积相同时，球形的表面积最小，扁平的片状物的表面积最大。因此，叶子在能容纳下必要组织的前提下，越扁平越有利于植物吸收光和二氧化碳，进行光合作用。所以，我们常见的植物叶子大多呈扁平状。除此之外，扁平的叶子，遭遇狂风暴雨等自然灾害时，也能缓冲大雨的冲刷作用，保护自己以及植物下面的泥土。

当然，也有许多生长在干旱地区的植物，为了保持水分不流失，它们的叶子长成针形的，如仙人球。

为什么大多数的树叶是扁平的？

一片完整的树叶包括以下三个部分：

叶片——大都宽阔扁平，适于接受阳光的照射；

叶柄——支持这叶片，并把叶片和茎连接起来；

托叶——保护幼叶。

树叶为什么有其他颜色的?

树叶中还有花青素

所有的树叶中都含有绿色的叶绿素，但为什么不是所有的树叶都是绿色的呢？这是因为除叶绿素外，树叶中还含有花青素。叶绿素和花青素在树叶中含量的多少，决定了树叶的颜色。当叶绿素比较多的时候，叶子就呈现出深绿色；当叶绿素较少的时候，叶子就呈现出嫩绿色；当花青素比较多的时候，叶子就会发红甚至发紫。现在园艺工作者们通常会利用这一特性，规划园林设计方案，将色素含量不一的植物有条理地栽种在一起，让我们的环境更加美丽。

叶子为什么变黄呢？

叶子为什么会在秋天变黄或者变红呢？因为秋天，温度降低，叶绿素的分解速度小于合成速度，于是叶片中的叶绿色含量降低。于是，叶片的绿色逐渐减退。这时候，叶片中原来的胡萝卜素和叶黄素，使叶片的颜色逐渐发生变化。秋季，当叶子中叶绿素含量急剧减少，叶肉细胞的细胞液又呈微酸性的情况下，花青素就显红色。因此，这些树木的叶子纷纷显露出艳丽的红色、褐色或紫色。

所以，植物的叶子就会有不同的颜色。

秋天树叶为什么会变黄？

前面我们提到树叶之所以是绿色的就是因为叶片中含有一种绿色的色素——叶绿素。但是叶片中不光含有叶绿素，还有一种名为类胡萝卜素的黄色色素。由于叶绿素颜色比较深，在夏天常常盖住其他色素而显出浓郁油绿的颜色。

但秋天气温降低，叶绿素不适合在低温环境中存活，于是叶绿素的分解速度大于合成速度，叶绿素的含量逐渐减少。秋天，叶片中的叶绿素含量急剧降低。但类胡萝卜素和叶黄素却并不受影响，它们开始对叶片的颜色起作用，叶片便逐渐显现类胡萝卜素的颜色，所以到了秋天许多树木的叶子都会变黄。

松树的叶子冬天却不会变色，即使到了冬天也依旧苍翠。这是因为松树非常耐寒，即便气温下降，叶绿素也能存活。

落叶去哪儿了?

它们化作了春泥

在森林里，每年秋天，树上都会掉下数不清的树叶，但我们发现，这些落叶并没有在树下越积越多，它们都去哪儿了呢？

原来，落叶在掉落到地上的一刹那，立刻就会有很多微生物落在上面，例如真菌类和细菌类，它们会慢慢侵噬这些落叶，加之雨水等的腐蚀作用，落叶就会慢慢粉碎至腐烂，回归土壤并化作春泥。

分解过程中，微生物侵入死有机体，经过初步分解形成粗腐屑，成为某些动物和其他微生物的食料，动物将枯枝落叶腐屑分解成碎片，增加微生物有效利用面积，其排出物为微生物的活动增加了蛋白质、生长物质，从而刺激微生物的生长，加速了枯枝落叶的分解。

除此之外，许多落叶还会被草食性的昆虫、动物等吃掉。

那些已经死去的动植物尸体在土壤中经过微生物分解，就成了新的有机物质，这些新的有机物就被叫做腐生质。腐生质通常呈褐色，里面富含植物生长发育所需的一些营养元素，能够有效地改善土壤，增加肥力，使植物生命力更加旺盛。

小草为什么能“春风吹又生”？

野火烧不尽？

“离离原上草，一岁一枯荣。野火烧不尽，春风吹又生。”这是唐代诗人杜甫著名的诗句，但柔弱的小草真的不会死吗？答案当然是否定的，因为万物都有其生命的周期，长生不死的生物是不存在的。

一方面，有些草的根系非常发达，它们地面上的部分虽然枯死了，但根仍然吸收水分和养分，当来年气候适合的时候，便又生机盎然了。

换句话说，就是小草没有真的死去，它的根还活着，活在很深的地下。所以春天气候好了，适合小草的生存了，它们就重新从地里长出来，也就是活了。所以小草之所以春风吹又生，就是因为它根基很深，不惧怕寒冬和火。

因此，小朋友们也要明白，不管做什么，只要打好基础，根底深厚，就不用害怕困难了。

生命的种子

其实大部分“吹又生”的草已经不是原来的那株草了，枯草在它死去前，已将生命的种子随风播撒到地面，来年“吹又生”的其实是它们的孩子们。

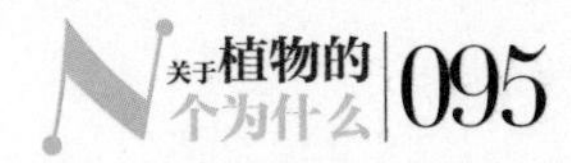

这里所说的小草，其实是“小的草本植物”的泛称，它们有一年生的，有二年生的，还有多年生的。

小草会吃虫子吗?

吃动物的植物

一直以来，大家都认为植物是自我生长在自然界的，是食物链最低级的被捕食对象。而动物，则是捕食者，都间接或者直接以植物为食。动物吃植物，大家都不奇怪。但是大千世界无奇不有，自然界中还存着吃动物的植物呢！

食虫植物——猪笼草

生活在热带的猪笼草就是一种食虫植物。它有一个独特的汲取营养的器官 ——捕虫笼，捕虫笼呈圆筒形，下部稍膨大，笼口上有盖子。因为形状像猪笼，所以叫作猪笼草。猪笼草会分泌一种具有鲜果香味的蜜汁，闻香而来的小虫子会被香味吸引到光滑的笼口，最终落入“甜蜜的陷阱”，捕虫笼底部分泌的液体会将虫体慢慢分解转化为可被猪笼草消化吸收的营养物质。

猪笼草高约 3 米，叶一般为长椭圆形，末端有便于攀援的蔓。在蔓的末端会形成一个瓶状或漏斗状的捕虫笼。捕虫笼下半部稍膨大，笼口上有盖子。因为捕虫笼的形状像猪笼，故被叫做猪笼草。

中文名称： 猪笼草

别称： 雷公壶

植物分类： 猪笼草科猪笼草属

形态特征： 拥有一个圆筒形的捕虫笼，笼口有盖子

主要分布地区： 印度洋群岛、马达加斯加、斯里兰卡、印度尼西亚等潮湿的热带雨林，中国的海南、广东、云南等地也有分布

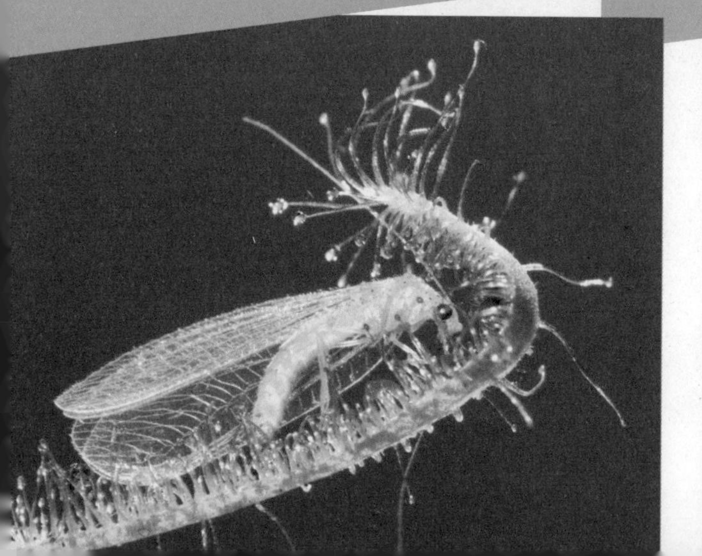

此外，拥有触毛的捕蝇草、可以分泌致命黏液的茅膏菜以及形似瓶子的瓶子草也都是名副其实的“捕虫能手”。它们或利用鲜艳的外表或分泌甘甜的蜜汁，引诱昆虫落入它们的陷阱，进而饱餐一顿。

荷叶为什么遇雨结水珠？

荷叶上有蜡质

无论是夏日的清晨还是雨后，我们常会看到碧绿的荷叶上凝结着一颗颗晶莹剔透的水珠，这些水珠为什么不会渗入到叶片而是以水珠的方式留存在叶面上呢？

原来，荷叶的叶面上有许多密密麻麻的小茸毛，这些小茸毛不仅纤细而且含有蜡质。蜡分子是中性的，它既不带正电，也不带负电，水滴落到涂有蜡质的荷叶上时，水分子之间的凝聚力要比在不带电荷的蜡面上的附着力强。所以，水落到荷叶上不是滚落，就是聚集成水珠，而不会润湿整个荷叶。

荷叶自我清洁

至于为什么是水珠状呢？是因为液体的表面张力作用，液体总是处于最小的体积状态，球形的体积是最小的，所以荷叶上的水呈球形水珠。

荷叶的这种特性，是它的一种独特的自我洁净结构。水形成水珠，也就是露珠之后，滚落时会带走荷叶面上的尘埃等污染物。这也是为什么荷叶都是那么洁净的原因之一。

中国早在三千多年前就栽培荷花，现今在辽宁及浙江均发现过碳化的古莲子，可见其历史之悠久。目前，大多数的莲都是人工种植，以作为风景点缀和食材之用。

中文名称：爬山虎
别称：爬墙虎、地锦
植物分类：葡萄科爬山虎属
形态特征：小叶肥厚，有锯齿，老叶宽卵形，常3裂，幼枝有卷须
主要分布地区：亚洲、北美洲

爬山虎为什么会爬墙？

厉害的吸盘

爬山虎，又叫“地锦”、“爬墙虎”，属于落叶大藤本，它是一种攀缘植物，可以贴着墙壁或假山垂直地向上爬攀。为什么爬山虎有如此本领呢？

原来，在爬山虎的茎节上生长着许多粉红色的短细丝，人们把这种细丝叫卷须，在每条短卷须的分枝顶端，都长着几个能向外分泌黏性物质的吸盘。爬山虎触手分泌出的这种偏酸性的黏液，可以与石灰结合，相互粘合在墙上。

爬山虎就是用这些吸盘紧紧粘附在墙壁或假山的石面上往上爬，刮大风也不能把它们吹掉。秋末，绿叶都变成了红色或黄色，墙上就好像挂上了一层美丽的“壁毯”。

争夺阳光的本能

爬山虎是多年生大型落叶木质藤本植物，在分类上属于葡萄科爬山虎属。爬山虎在未被人类栽培以前，生活在茂密的丛林和悬崖峭壁等地方。为争夺生存空间，获取更多的阳光照射，爬山虎就不断地攀援向上。人们将爬山虎栽培后，爬山虎的生存环境发生了巨大变化，但是它争夺阳光攀爬的本能仍然继续，驱使它沿着墙壁“攀爬向上”。

爬山虎可是立体绿化的佼佼者。它不仅可达到绿化、美化效果，同时也发挥着增氧、降温、减尘、减少噪音等作用，是藤本类绿化植物中的中坚力量。

为什么植物种子被称为“大力士”？

小种子的威力

曾经有这样一个故事：在开颅工具还没有被发明之前，有个聪明的科学家为了要研究头盖骨的结构，将一些植物的种子放在要研究的头盖骨里，并给予适宜的温度和湿度。一段时间后，种子发芽了，居然让坚硬的头盖骨完整地分开了。小种子的威力可见一斑。那么，它们如此大的威力是从哪里来的呢？

力量汇集在一起

种子生长不是瞬间对土产生了巨大的作用力，而是在一段时间内形成了一个较大的作用量。

种子在发芽，一个重要条件就是需要足够的水分。发芽时，细胞分裂速度很快，短时间内就会产生大量细胞。每个细胞都会吸水膨胀，膨胀时它们会向四周产生外力，而且种子内细胞的数量众多，这些力汇集在一起，便产生了巨大的外力，犹如千斤顶一样，便无坚不摧了。所以，就算是被巨石压住，我们还是可以看到种子会从下面慢慢萌发出来。

蒲公英的种子去哪儿了？

中文名称：蒲公英
别称：蒲公草
植物分类：菊科蒲公英属
形态特征：头状花序，种子上有白色冠毛结成的绒球
主要分布地区：中国、朝鲜、蒙古、俄罗斯

降落伞带着种子飞翔

“我是一颗蒲公英的种子，爸爸妈妈给我一把小伞，让我在广阔的天地里飘荡”。那么，它们飘到哪儿去了呢？

每到夏末，蒲公英美丽的小黄花凋落后，细高的花萼上就会长出一丛白色的毛绒球，那就是蒲公英的头状花序，在那些小毛毛的底部，就长着蒲公英小小的种子。

蒲公英种子很小，头顶着一簇比种子大很多的茸毛。只要有一点小风，茸毛就会像打开的降落伞带着种子顺风而去，飞到落叶丛中、土壤里，急速旋转的状态，可以让它们钻得更接近地表，到了来年，就可以生根发芽，长成一棵新的蒲公英了。

多年生草本植物

蒲公英，菊科，蒲公英属多年生草本植物。根圆锥状，表面棕褐色，皱缩，叶边缘有时具波状齿或羽状深裂，基部渐狭成叶柄，叶柄及主脉常带红紫色，花葶上部紫红色，密被蛛丝状白色长柔毛；头状花序，总苞钟状，瘦果暗褐色，长冠毛白色，花果期4—10月。种子上有白色冠毛结成的绒球，花开后随风飘到新的地方孕育新生命。

蒲公英广泛生于中、低海拔地区的山坡草地、路边、田野、河滩。所以如果要寻找蒲公英，就可以去这些地方寻找。

你见过香蕉的种子吗？

褐色的小点就是种子

黄澄澄的香蕉香甜可口，可大多数人都没见过它的种子呢？

原来，如今的香蕉大多是人工培植的，是单性结实，香蕉花雄蕊上的花粉很不发达，无法实现传粉，因此，结出来的果实也就没有籽粒。而我们通常见到的香蕉里面那一排排褐色的小点，就是没能正常发育而退化的种子。

难道所有的香蕉都没有种子吗？其实不然。作为一种绿色开花植物，野生香蕉就有种子，也会经历开花结籽的繁衍过程。但野生香蕉中的种子很坚硬，吃起来极为不便。因此，人们才通过让香蕉与芭蕉杂交的手段，培育出了现在常见的香蕉，口感变好了，但它们也失去了原有结籽繁殖的功能。

快乐水果

香蕉果肉香甜软滑，是人们喜爱的水果之一。欧洲人因为它能解除忧郁而称它为“快乐水果”，而且香蕉还是女士们钟爱的减肥佳果。香蕉含有称为“智慧之盐”的磷，又有丰富的蛋白质、糖、钾、维生素A和维生素C，同时纤维也多，堪称相当好的营养食品。

香蕉富含钾和镁，钾能防止血压上升及肌肉痉挛，镁则具有消除疲劳的效果。因此，香蕉是高血压患者的首选水果。香蕉含有的泛酸等成分是人体的“开心激素”，能减轻心理压力，解除忧郁。睡前吃香蕉，还有镇静的作用。

中文名称：香蕉

别称：甘蕉、芎蕉、香牙蕉

植物分类：芭蕉科芭蕉属

形态特征：多年生常绿草本植株，长圆形大叶片，果实长圆形，微弯

主要分布地区：亚洲东南部

雪浆果为什么会响?

就像小时候的摔炮

在欧洲，有一种白色的球状浆果——雪浆果，它们在裂开的时候声音特别响，这是为什么呢？原来，每到秋天，雪浆果的果实里都充满了水分，由于皮非常坚硬，人们在挤压它的时候，皮会突然裂开，果实也会猛地迸出，同时发出一声脆响。果实越成熟，在爆裂时发出的声响也就越大。这多像我们小时候玩的摔炮啊，自然界真是太神奇了！

由于这种浆果的果实是白色的，而且直到冬天仍然悬挂在灌木上，因此人们称它为“雪浆果”。

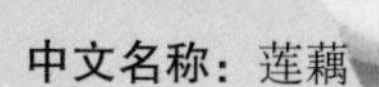

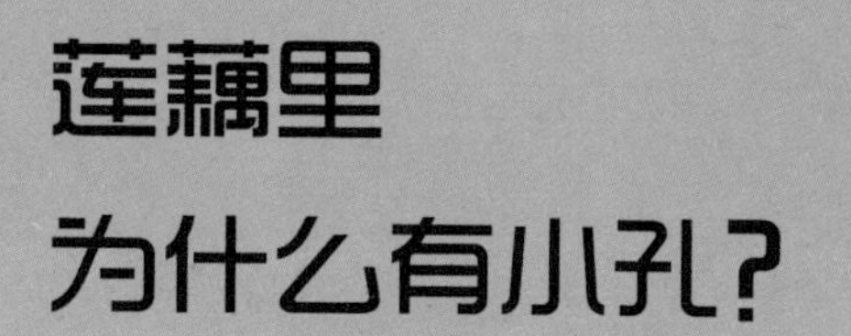

莲藕里为什么有小孔？

中文名称： 莲藕
植物分类： 睡莲科莲属
形态特征： 莲的地下茎，肥大有节，中间有管状孔
主要分布地区： 中国、日本、印度及东亚各国

莲藕的“空气通道”

植物像动物一样，也需要呼吸。可是，生活在水下的莲藕怎么呼吸呢？秘密就藏在莲藕的小孔里——那些小孔就是莲藕的“空气通道”。

植物的大小、形状、结构等都是长期进化中，因生存的需要而不断演化形成的。多孔的藕是莲的地下茎，莲用它来贮藏养分，但是很多人误把它当作莲的根。植物的生长需要阳光、水和空气，而藕生长在池塘底的淤泥中，泥里的空气又很少。如果根部长期浸在水中，就会腐烂，致使植物生长受阻，甚至死亡。为了正常生长，出污泥而不染的莲就想了一个办法：它通过小孔，与露在水面上的叶片和叶柄上的气孔彼此贯通，形成一个输送气体的通道，以此补充空气，满足了水下部分有氧呼吸的需要。

在莲的生长期，如果莲叶被折断或者藕上的孔被堵住的话，过不了几天，莲就枯萎了。这进一步说明，藕孔是空气的通道。

藕有丰富的营养

藕中含有丰富的蛋白质、脂肪、碳水化合物及钙、磷、铁、胡萝卜素、维生素 C、维生素 B_1、维生素 B_2、尼克酸等。藕性味干寒，冷食清热，热食开胃健脾。明代医药大师李时珍称其为“灵根”，足见其价值，其肉质生吃脆嫩甘甜，口感好，熟食柔软细腻，是很好的日常食用蔬菜。藕有水果与蔬菜的双重特性，同时具有良好的药用价值，堪称果、蔬、药三者俱佳。

你听说过“藕断丝连”吧，那些细长而具有弹性的丝其实是莲藕用来输送水和无机盐的通道！

中文名称：高粱

别称：蜀黍、芦粟

植物分类：乔本科高粱属

形态特征：茎杆很高，形状像芦苇，黍穗像大扫帚，颗粒像花椒般大，成红黑色。

主要分布地区：广泛分布于世界各地

高粱为什么既抗旱又抗涝？

高粱根系发达

高粱的根系很发达，吸水本领也很强，即使在干旱时土壤里水分比较缺乏的情况下，它也能顺利吸收水分。高粱叶子的表面积较小，叶面不仅光滑还覆盖着一层蜡质；气孔数目比较少，茎秆外面由厚壁细胞组成，而且也附有蜡质粉状物。这些特点，都使得高粱能够减少水分的损耗。

高粱在干旱季节，能暂时转入“休眠”状态，这就增强了高粱的抗旱力。高粱的根系对缺氧造成的危害具有一定的抵抗能力，而且高粱的茎秆高，又比较坚硬，水分不易进入体内，这些都是它能抗涝的原因。

枝菌根功劳巨大

枝菌根可在与植物共生的过程中增加植物对营养元素的吸收，增加植物的生长量，提高植物的抗旱抗涝性。

中国制酒的历史源远流长，享誉中外。传说，发明酒的人名叫杜康。他当长工时，有一次偶然把高粱米饭放在树洞中，时间久了，发酵成了酒。所以开始名叫“久”，后来才有“酒”字。

玉米为什么会长“胡须”？

雌雄同株不同花

玉米是雌雄同株不同花的植物，雌花和雄花分别长在同一株玉米的不同位置——雄花顶生雄性圆锥花序大型，主轴与总状花序轴及其腋间均被细柔毛；雄性小穗孪生，长达1厘米，小穗柄一长一短，分别长1～2毫米及2～4毫米，被细柔毛；两颖近等长，膜质，约具10脉，被纤毛；外稃及内稃透明膜质，稍短于颖；花药橙黄色；长约5毫米；而雌花长在茎的中间部位，小穗孪生，成16～30纵行排列于粗壮之序轴上，两颖等长，宽大，无脉，具纤毛；外稃及内稃透明膜质，被包裹在叶子变态所形成的苞叶中，每颗玉米粒的位置就是一朵小雌花。

小雌花为了接受花粉，演化出长长的雌蕊伸出苞叶外，这种特殊化的雌蕊叫作“丝状柱头”，也就是我们说的玉米的“胡须”。

玉米须常集结成疏松团簇，花柱线状或须状，完整者长至30厘米，直径0.5毫米，淡绿色、黄绿色至棕红色，有光泽，略透明，柱头2裂，叉开，质柔软，气无，味淡。

中文名称：玉米

别称：包谷、苞米

植物分类：乔本科玉蜀黍属

形态特征：雌雄同体，雄花顶生，雌花腋生，成熟谷穗被变态叶包裹

主要分布地区：世界各地

像人类一样，花也是有性别的。有些花同时拥有雄蕊和雌蕊，它们叫两性花，苹果、桃子、橘子等都是两性花。而有些植物的花，雌蕊和雄蕊分别长在两朵花里面，它们就分为雌花和雄花了，玉米、黄瓜就是这样的。

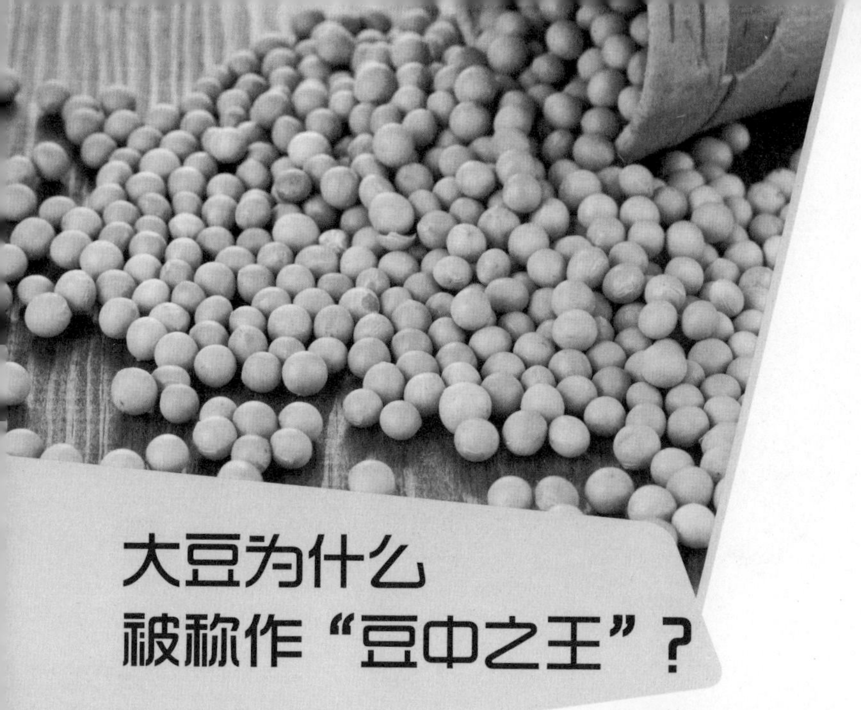

大豆为什么被称作“豆中之王”？

中文名称：大豆

别称：黄豆

植物分类：豆科大豆属

形态特征：植株直立，圆叶有尖，白花，果实为豆荚

主要分布地区：亚洲、美洲

大豆是什么？

大豆通称黄豆。豆科大豆属一年生草本，高 30 ～ 90 厘米。茎粗壮，直立，密被褐色长硬毛。叶通常具 3 小叶；托叶具脉纹，被黄色柔毛；叶柄长 2 ～ 20 厘米；小叶宽卵形，纸质；总状花序短的少花，长的多花；总花梗通常有 5 ～ 8 朵无柄、紧挤的花；苞片披针形，被糙伏毛；小苞片披针形，被伏贴的刚毛；花萼披针形，花紫色、淡紫色或白色，基部具瓣柄，翼瓣蓖状。荚果肥大，稍弯，下垂，黄绿色，密被褐黄色长毛；种子 2 ～ 5 颗，椭圆形、近球形，种皮光滑，有淡绿、黄、褐和黑色等多样。花期 6 ～ 7 月，果期 7 ～ 9 月。

“豆中之王”大豆

大豆被称为“豆中之王”是指它拥有极高的经济价值。大豆是中国四大油料作物之一，含油丰富，是食用植物油的主要来源之一。大豆还能为人类提供丰富的优质蛋白质，豆腐、豆浆等都是优质的大豆制品，为人们摄入丰富的植物蛋白提供了极大帮助。大豆还是许多新兴工业的重要原料。大豆的茎、叶、荚壳还可以用来作饲料。大豆的根部具有肥田的功效，种植过大豆的土壤通常会比较肥沃。大豆浑身都是宝，真不愧于“豆中之王”的称号。

大豆主要生产于东北地区。中国古称菽，是一种其种子含有丰富蛋白质的作物。大豆呈椭圆形、球形，颜色有黄色、淡绿色、黑色等。大豆最常用来做各种豆制品、榨取豆油、酿造酱油和提取蛋白质。

花生的果实为什么长在地下?

地上开花地下结果

花生是植物王国独有的地上开花地下结果的植物，人们也因此称之为“落花生”。花生从播种到开花只需一个多月的时间，而花期却长达两个多月。它的花单生或簇生于叶腋部，每株花生少则开一二百朵花、多则开上千朵花。

花生开花授粉后，子房基部的子房柄不断伸长，从枯萎的花管内长出一根果针，果针迅速地纵向伸长。它先向上生长，几天后，子房柄逐渐下垂到地面。在延伸的过程中，子房柄表皮细胞木质化，以保护幼嫩的果针入土。当果针入土5～6厘米时，子房开始横卧，肥大变白，体表长出茸毛，可以直接吸收水分和各种养分以供生长发育的需要。这样一颗接一颗的种子相继形成，表皮逐渐皱缩，果实逐渐成熟，形成了我们所见的花生果实。

为什么果实长地下?

地上开花地下结果是花生所固有的一种遗传特性，也是对特殊环境长期适应的结果。花生结果时喜黑暗、湿润和机械刺激的生态环境。这些因素已成为荚果生长发育不可缺少的条件。因而，为了生存和传种，它只有把子房伸入土壤中去结果实。如果子房柄因土面板结而不能入土，子房就在土上枯萎。为此，落花生要栽植在沙质土壤里，并需要及时进行中耕，多次进行培土，以便它的果实在黑暗中形成。

中文名称：花生
别称：落花生
植物分类：豆科落花生属
形态特征：果实为荚果，形状有蚕茧形，串珠形和曲棍形。
主要分布地区：亚洲、非洲、美洲

果实成熟后为什么会掉下来？

果实成熟后会自行脱落

熟透的苹果掉落下来，砸中了思考中的牛顿，万有引力定律得以现世，这个故事人尽皆知，也正是这个问题的答案。

植物在长期自然选择中形成的一种特殊的自然习性，果实成熟后，如果不及时采摘，大都会自行脱落，这并不是因为果柄太细，不堪果实的重负，而是因为果实必须落到地上，才能发芽生根，长出新的果树来。

“离层”隔断果实的营养

当果实成熟时，果柄上的细胞就开始衰老，逐渐变得脆弱；另外，在果柄与树枝相连的地方会形成一层所谓“离层”。“离层”就像一道屏障，能够隔断果树对果实的营养供应。最后，由于强大的地心引力的作用，果实便纷纷落地了。落地后的果实逐渐腐烂，其中的种子渐渐深入地下，生根发芽，长成一株新的果树。

夏季雨后，森林里为什么会长出大量蘑菇？

适合蘑菇的生长

夏天温度比较高，非常适合蘑菇的生长；雨后的森林里湿度很大，这种潮湿的环境能促进蘑菇孢子的发芽生长。蘑菇是靠散布孢子来繁殖的。**孢子落到土壤里后，会产生菌丝，吸收养分，最后长成一只蘑菇。**蘑菇刚生成时非常小，但在吸饱水分后，会在很短的时间里伸展开来，所以雨后就会有很多蘑菇“突出”。

蘑菇就是大型真菌

另外，在腐烂的树干上会有真菌，而蘑菇就是大型真菌，因此真菌的堆积就形成了蘑菇。而且蘑菇是异养生物中的腐生生物，必须要利用现成的有机物才能生活。

森林里还有大量适合蘑菇生长的残枝败叶，蘑菇对木质素和纤维素有很好的降解能力，也就是说它们喜欢生长在富含这些物质丰富的东西上，如木材、秸秆等。所以夏天雨后蘑菇就会在森林里大量生长。